政府在节能减排中的生态责任研究

陶伦康　鄢本凤　著

云南省应用经济学省级重点学建设项目资助出版

科学出版社

北　京

内 容 简 介

本书秉承解决实际问题、服务法律实践的研究主旨，以节能减排独特的价值取向为理论基础，来深入探求政府生态责任的特殊性与规律性，将政府在节能减排中的生态责任作为一个独立的体系进行研究；着重剖析现行政府生态责任的制度安排，针对其矛盾与冲突，从经济学、生态学和法学的相关理论上予以整合，全面而客观地掌握政府生态责任构建的影响因素；在重新阐释法律责任相关理论的基础上，尝试从政府生态责任的法定机制、目标机制、决策机制、监督机制、考核机制和追究机制六个方面来构建具体的可操作的政府在节能减排中的生态责任体系。

本书适合大专院校从事环境专业、法学专业研究的本科生、研究生及教师参考。

图书在版编目（CIP）数据

政府在节能减排中的生态责任研究/陶伦康，鄢本凤著.
—北京：科学出版社，2015
ISBN 978-7-03-045682-3

Ⅰ．政… Ⅱ．①陶…②鄢… Ⅲ．①国家责任－节能－生态环境建设－研究 Ⅳ．①X321

中国版本图书馆 CIP 数据核字（2015）第 218646 号

责任编辑：魏如萍／责任校对：牛瑞沙
责任印制：霍兵／封面设计：蓝正设计

科学出版社 出版
北京东黄城根北街 16 号
邮政编码：100717
http://www.sciencep.com

中国科学院印刷厂 印刷
科学出版社发行 各地新华书店经销

*

2016 年 1 月第 一 版 开本：720×1000 1/16
2016 年 1 月第一次印刷 印张：9 1/4
字数：186 000

定价：58.00 元

（如有印装质量问题，我社负责调换）

著 者 简 介

陶伦康，男，1971 年 2 月出生，河南信阳人。2007 年毕业于西南政法大学，获法学博士学位，现为云南师范大学经济与管理学院教授、硕士生导师。近年来的科研成果主要有：出版学术专著 1 部《循环经济立法理念研究》（人民出版社，2010 年）、教材 2 部（云南大学出版社，副主编）；在《现代法学》《农村经济》等期刊发表学术论文近 40 篇；主持国家级社科基金项目 1 项、省部级社科基金项目 5 项、厅级社科基金项目 2 项。

目　录

第一章

绪　　论

凡是法学研究，无论是理论法学还是应用法学，都是在一定的背景条件下进行的，是在特定的历史条件下对一定社会现象的能动反映。政府在节能减排中的生态责任研究是资源环境问题的客观现实对学术研究提出的客观要求。

第一节　研究的背景与意义

2006年3月，第十届全国人大第四次会议表决通过并决定批准的《中华人民共和国国民经济和社会发展第十一个五年规划纲要》明确提出，"十一五"期间单位国内生产总值（GDP）能耗降低20％左右，主要污染物排放总量减少10％，并作为具有法律效力的约束性指标。2007年5月《国务院关于印发节能减排综合性工作方案的通知》发布，它是对节能减排领域一系列重大政策方针的延伸与细化，既与"十一五"规划提出的节能降耗和污染减排目标保持了连贯一致性，又赋予了操作层面实质性的内容。2011年3月，国务院发布的《中华人民共和国国民经济和社会发展第十二个五年规划纲要》，明确将资源节约和环境保护作为"十二五"期间的主要目标，其中包括以下几点：非化石能源占一次能源消费比重达到11.4％。单位国内生产总值能源消耗降低16％，单位国内生产总值二氧化碳排放降低17％。主要污染物排放总量显著减少，化学需氧量、二氧化硫排放分别减少8％，氨氮、氮氧化物排放分别减少10％。2011年8月，国务院发布了《"十二五"节能减排综合性工作方案》，制定了"十二五"期间节能减排主要目标，提出要通过调整优化产业结构、实施节能减排重点工程、完善节能减排经济政策等多种手段，确保"十二五"节能减排目标的实现。2012 年11 月，党的十八大报告首次单篇论述生态文明，把生态文明建设摆在总体布局和五位一体的高度来论述。在此背景下，完善政府的生态责任机制，以生态责任引导政绩观，规范和约束政府行为，是落实节能降耗和污染减排目标的关键。因此，在这一社会背景下，政府在节能减排中的生态责任研究无疑具有重大的理论价值和应用价值。

（1）在学理层面上，本书研究以节能减排为视角，以探求政府在节能减排中的生态责任的特殊性与规律性为主要立足点，对政府生态责任给予了一个比较系统的、富有阐释力的理论解说，从理论上深化了对政府生态责任的本质及其规律的理性认识与整体把握，丰富了我国环境法的基本理论和环境法律体系，同时也为同类问题的后续研究提供了素材，具有一定的借鉴意义。

（2）在实践层面上，本书研究以解决实际问题、服务法律实践为主旨，以政府生态责任法律制度及责任追究制度的构建为核心内容，既从理论上拓展了政府生态责任的研究范围与视野，又为我国的政府生态责任研究由概念分析转到实践论证，由经验性研究转到实证性考察提供了一条新的研究路径；为立法机关制定节能减排的相关法律法规提供依据，为行政执法机关推进节能减排工作提供参考，对资源节约型、环境友好型社会的形成起到一定的推动作用。

第二节　研究的思路与方法

课题研究一直遵循"社会问题—制度原因—法律对策"的研究路径，以法律的"行为调整说"为理论指导，综合运用利益衡平理论和法律控制理论逐步展开研究；以法律的"行为调整说"作为研究的逻辑起点，以政府行为对环境不同程度的影响为着眼点，深入剖析政府生态责任缺失的根源，确定政府在节能减排活动中应担负的生态责任，从而提出法律对策，以期通过完善政府生态责任，发挥政府在节能减排中的主导作用，来进一步推动我国的节能减排工作，并为政府生态责任立法活动提供有益的参考。其具体研究思路包括以下两个方面。

（1）秉承解决实际问题、服务法律实践的研究主旨，着重剖析现行的政府生态责任的制度安排，针对其矛盾与冲突，从经济学、生态学和法学的相关理论上予以整合，在重新阐释法律责任相关理论和实地调研的基础上，尝试从政府生态责任的法定机制、目标机制、决策机制、监督机制、考核机制和追究机制六个方面来构建具体的、具有可操作性的政府在节能减排中的生态责任体系。

（2）将政府在节能减排中的生态责任作为一个独立的体系来进行研究，通过实地调研，全面而客观地掌握政府生态责任构建的影响因素，从而有针对性地提出构建与完善政府生态责任的法律路径；以节能减排独特的价值取向来探求政府生态责任的特殊性与规律性，从而增强具体制度设计的科学性与可操作性。

在研究中，始终以马克思辩证唯物主义和历史唯物主义哲学思想为指导，贯彻理论联系实际的原则，结合研究内容的特点，在调查统计基础上，将定性与定量分析相结合，力求实现研究方法的创新与突破，具体研究方法包括以下三点。

（1）实地调研与实证分析相结合。研究内容的实用性决定了实地调研与实证分析在整个研究中的基础性地位。实地调研注重调研地点选取的典型性和调研手段的科学性，实证分析注重真实性与可操作性。

（2）中西比较与借鉴分析相结合。对不同社会制度下的政府生态责任法律制度的构建及法律保障机制的实践模式进行比较分析，以探求不同社会制度下政府生态责任法律制度的实践路径，通过借鉴分析，为政府生态责任法律制度的构建提供思路。

（3）规范研究与跨学科分析相结合。无论是在专题研究过程还是在综合研究过程中，研究都在规范分析的基础上，注重交替运用法学、经济学、生态学、社会学等多学科研究方法，确保研究内容的科学性。

第三节　研究的现状与创新

学术的发展是一个累积的过程，问题的确定离不开对以往研究的梳理，而已有研究成果又无疑是未来研究的基础。随着经济的发展和生态问题的凸显，政府生态责任问题开始成为社会公众、学术界乃至中央决策层高度关注的重大问题之一。到目前为止，国内学者们对政府生态责任的研究主要集中在以下三个方面。

（1）从政府责任的角度来研究政府生态责任，如 2007 年李鸣的《略论现代政府的生态责任》、黄爱宝的《责任政府构建与政府生态责任》，2008 年周庆行的《生态责任：政府责任的新思考》等。

（2）从社会经济发展的角度来研究政府的生态责任，如 2006 年吴绍琪的《基于科学发展观的政府生态责任的构建》、2007 年梁平的《关于和谐社会要求下的政府生态责任的思考》、2008 年伍力宇的《论政府在经济发展中的生态责任》、2009 年李晶的《生态文明建设过程中政府的生态责任研究》等。

（3）从节能减排的角度来研究政府的生态责任，如 2008 年李大港、陈科的《节能减排　强化政府生态责任》。

西方学者将生态责任作为各国政府为实现可持续发展战略而承担的具有重大意义的政府责任内容之一来进行研究。西方学者的研究成果主要体现在国际环境立法和国内环境立法方面。《联合国人类环境会议宣言》（简称《人类环境宣言》）第 7 条提出：各地方政府和全国政府，将对在他们管辖范围内的大规模环境政策和行动，承担最大的责任。《内罗毕宣言》提出，"各国政府和人民既要集体地也要单独地负起其历史责任"。美国、日本等发达国家的环境基本法，如美国《国家环境政策法》（*National Environmental Policy Act*，NEPA）、日本《环境基本法》也都把明确政府生态职责作为其主要内容。2005 年，以规定具体减排指标和时间表而著称的《京都议定书》正式生效，全球目前已有 180 多个国家和地区签署该议定书。这说明，一个因环境问题而出现的全球共同体正逐渐形成。

可见，国内外学术界对政府生态责任的相关研究从未间断，并且不乏真知灼见，研究经历了一个由浅入深、由零散到系统的过程，从最初环境科学角度的基础性研究到联合生态学、经济学、伦理学等多角度、多层面的系统性研究，这些正是架构政府生态责任框架的理论基础。学者们对政府生态责任的研究表现出浓厚的学术兴趣，他们以世界化的眼光，从应当建立和完善相关的环境法规及制度等多角度对政府生态责任展开了深入的研究。但总体来说，学者们对政府在节能减排中的生态责任研究仍有待进一步深入，专门研究政府在节能减排中生态责任的专著尚未出现。学者们对政府在节能减排中生态责任的研究主要集中在理念宣传或经济分析上，尚未发现以节能减排为切入点，以政府生态责任的独特价值取向为视角，来探求政府生态责任的特殊性与规律性的研究成果，这为本书留下了继续深入和拓展的空间，也使本书的内容在理论层面和实践层面均存在可能的突破点、创新点。

（1）在研究视角上，将政府在节能减排活动中应遵循的市场"规律"与其应承担的法律"义务"结合起来进行研究，这种独到性的研究视角，极大地拓展了课题的研究空间与视野，有助于研究的深入。

（2）在研究内容上，以生态信托理论、公民环境权理论、环境公共需求理论、政府职责本位理论为基础，以节能减排为切入点，以构建政府生态责任的制度体系与责任追究体系为研究的核心内容，使研究内容既具有一定的前沿性，又具有一定的现实性与实用性。

（3）在研究思路上，以实地调研为基础，遵循"社会问题—制度原因—法律对策"的研究路径，并以法律的"行为调整说"为理论指导，综合运用利益衡平理论和法律控制理论逐步展开研究，保证了研究内容的科学性与可操作性。

（4）在研究理念上，将人本和谐主义作为政府在节能减排中生态责任制度构建的价值追求，将生态安全作为政府在节能减排中生态责任制度构建的目标选择，将生态效率作为政府在节能减排中生态责任制度构建的功能定位。这些理念的引入，极大地提升了研究内容的高度。

第二章

节能减排与政府生态责任的基本理论

第一节 节能减排发展战略的提出

节能减排就是节约能源、降低能源消耗、减少污染物排放。它是一次涉及生产模式、生活方式、价值观念和国家权益的全球性革命，是以低碳无碳化能源体系为基础，以社会生产与再生产活动低碳化、无碳化为主要内容的新发展模式。这种新的经济发展模式旨在通过协调人与自然的关系，构建人与自然友好、人与社会和谐的良性互动关系，保证人类社会具有长期持续的发展能力。

一、节能减排理念的兴起

全球气候的变化，已不仅仅是一个环境问题，它已经开始影响人类的生存与发展（Douma et al.，2007）。因此，对能源安全和气候变化的重视是节能减排理念兴起的直接动因。

1992 年 6 月在巴西里约热内卢举行的联合国环境与发展大会通过了以控制温室气体、防止气候系统受到人为破坏为目标的《联合国气候变化框架公约》，它是"防止气候变化方面最重要的国际法律文件"。《联合国气候变化框架公约》是世界上第一个为全面控制二氧化碳等温室气体排放，以应对全球气候变暖给人类经济和社会带来不利影响的国际公约，于 1994 年 3 月 21 日正式生效。1997年在日本京都通过并于 2005 年生效的《联合国气候变化框架公约的京都议定书》

（简称《京都议定书》）被称为人类"为防止全球变暖迈出的第一步"，是历史上第一个为发达国家规定减少温室气体排放的法律文件（刑继俊等，2010）。《京都议定书》首次以法律文件的形式规定了缔约方（主要为发达国家）在2008年至2012年的承诺期内应在1990年水平基础上减少温室气体排放量5.2%。

美国学者莱斯特·R.布朗在1999年《生态经济革命——拯救地球和经济的五大步骤》一书中指出，创建可持续发展经济的"首要工作乃是能源经济的变革"，并提出应尽快从以化石燃料（石油、煤炭）为核心的经济转变为以太阳能、氢能源为核心的经济，以面对地球温室化的威胁（布朗，1999）。2001年在《生态经济：有利于地球的经济构想》一书中，他又明确提出为防止地球气温加快上升，应把碳排放量减少一半，既要提高能源利用效率又要向可再生能源转变（布朗，2002）。这些真知灼见为当前世界各国制定节能减排政策法规奠定了理论基础。

节能减排作为经济政策概念被提出，最早见于2003年的英国能源白皮书《我们能源的未来——创建低碳经济》。该白皮书为英国节能减排发展设立了一个清晰的目标：到2010年二氧化碳排放量在1990年水平上减少20%，到2050年减少60%，从根本上把英国变成一个低碳经济国家。为了实现能源白皮书的目标，英国制定了一系列的气候政策来提高能源利用效率，减少温室气体排放量。2007年6月，英国公布了《气候变化法案》草案，并同时出台了《英国气候变化战略框架》，提出了全球低碳经济的远景设想，指出低碳革命的影响之大可以与第一次工业革命相媲美。通过激励机制促进低碳经济发展是英国气候政策的一大特色。英国气候变化政策中的经济工具包括气候变化税、气候变化协议、英国排放贸易机制、碳基金等。它们不仅各具特色，而且组成一个相互联系的有机整体。其中，碳基金公司（The Carbon Trust）是英国政府支持下的一家独立公司，成立于2001年，其任务是通过与各种组织、机构合作，减少碳排放量，促进商业性低碳技术的开发利用，加速经济向低碳经济的转型。与欧盟单一的可再生能源计划或美国氢能经济相比，英国低碳经济的内涵更丰富，外延更广泛，不仅包括对新能源和可再生能源的开发利用，而且涵盖了对矿物能源利用的技术改造和效率的提高，还涉及对整个经济系统的机构和技术进行改造等更加深入和广泛的层面（刑继俊等，2010）。经过2005年在英国召开的由20个温室气体排放大国的环境和能源部长参加的"向低碳经济迈进"的高层会议之后，低碳经济概念很快被国际社会所接受，最终成为2008年世界环境日的主题。

2006年10月，英国政府发布了经济学家尼古拉斯·斯特恩主持完成的评估报告。这份名为《从经济角度看气候变化》的报告对全球变暖可能造成的经济影响给出了迄今为止最为清晰的图景：全球以每年生产总值1%的投入，可以避免将来每年生产总值5%～20%的损失；在2050年以前，要使大气汇总的温室气体浓度控制在 550ppm（1ppm＝10^{-6}）以下，全球温室气体排放必须在今后 10～20 年达到峰值，然后以每年 1%～3% 的速度下降；到 2050 年，全球温室气体排放量必须比现在的水平降低约 25%，即发达国家在 2050 年前绝对排放量减少 60%～80%，发展中国家在 2050 年的排放量与 1990 年相比增长幅度不应超过 25%。这份报告是为了评估向低碳型经济转变、不同适应办法的可能性，以及特别针对英国的教训，是对"褐色经济"提出的第一个严重警告。全球以每年生产总值 1% 的投入减缓气候变化的行动，可以避免将来每年生产总值 5%～20% 的损失。2008 年 4 月，在 2006 年报告的基础上，斯特恩再次发布了《气候变化全球协定的关键要素》，除了继续坚持全球温升上限控制在 2℃ 之外，又提出大气温室气体稳定浓度的长期目标是 450～500ppm，到 2050 年实现全球人均排放 2 吨的趋同水平，要求发展中国家在 2020 年承诺具有约束力的排放目标。

欧盟一直是应对气候变化的倡导者，积极推动国际温室气体的减排行动。自英国提出"低碳经济"之后，欧盟各国不同程度地给予积极评价并采取了相似的战略。2008 年 1 月欧盟委员会提出的《气候变化行动与可再生能源一揽子计划》（*The Climate Action and Renewable Energy Package*），旨在带动欧盟经济向高能效、低排放的方向转型，并以此引领全球进入"后工业革命"时代。根据该计划，欧盟承诺到 2020 年将可再生能源占能源消耗总量的比例提高到 20%，将煤炭、石油、天然气等一次能源的消耗量减少 20%，将生物燃料在交通能耗中所占的比例提高到 10%。此外，欧盟单方面承诺到 2020 年将温室气体排放量在 1990 年的基础上减少 20%，如果其他主要国家采取相似行动则将目标提高至 30%，到 2050 年希望减排 60%～80%（陈剑锋，2010）。

2006 年 9 月，美国公布了新的气候变化技术计划，称将推动在新一代清洁能源技术方面的研发与创新，尤其是将会提供资金用于开发燃煤发电的碳捕获与埋存技术，并鼓励可再生能源、核能及先进的电池技术的应用，通过减少对石油的依赖来确保国家的能源安全和经济发展。2007 年 7 月，美国参议院提出了《低碳经济法案》，表明低碳经济的发展道路有望成为美国未来的重要战略选择。美国总统奥巴马上任后签署的总额为 7 870 亿美元的经济刺激计划中，能源相关产业占据核心地位，提出了节能和提高能效、发展可再生能源和清洁替代能源、投资新能源和清洁能源技术研发、改变过度依赖石油进口状况、减少温室气体排放等一揽子综合能源改革和转型措施，不仅沿袭了美国过去关注清洁能源技术的一贯做法，还把能源发展、应对气候变化与经济振兴结合起来，意味着美国应对气候变化新机制的产生。在政府和市场的共同推动下，美国在当前和未来的温室气体减排技术和发展低碳经济方面有可能获取全球优势。2009 年 6 月，美国众议院通过了旨在降低美国温室气体排放、降低美国对外国石油依赖性的《美国清洁能源安全法案》。该法案规定的减排目标为至 2020 年，二氧化碳排放量比

2005 年减少 17%，至 2050 年减少 83%。尽管这一中期目标与国际社会的期望相距甚远，美国在应对气候变化的立法过程中依然面临诸多挑战，但该气候变化法案的出台，仍然标志着美国在减排方面迈出了重要一步。美国虽然没有参加《京都议定书》的签署，也没有通过法律对温室气体加以限制，但是在某些州已经开始限制二氧化碳的排放，如加利福尼亚州计划到 2020 年减少的温室气体约为 1990 年的 25%。

政府间气候变化专门委员会（International Panel on Climate Change, IPCC）2007 年第四次评估报告显示，二氧化碳的温室效应是引起气候变暖的主要原因。人口膨胀和人类社会追求经济发展的行为已经使全球环境发生了变化，人类的生存环境正在不断被改变。在过去 100 年里（1906～2005 年）全球平均地表温度升高了 0.74℃，并且升温速度还将不断加快，2100 年的全球温度有可能比 1900 年升高 1.4～5.8℃。以当前的减缓气候变化政策和相关可持续发展实践来看，全球温室气体排放量在未来几十年将继续增长。到 2030 年，由于能源利用产生的二氧化碳排放量将增长 45%～110%，其中增量的 2/3～3/4 将源自发展中国家。IPCC 报告认为，在 2015 年之前会出现把大气中温室气体浓度稳定在 445～490ppm 水平目标的二氧化碳排放高峰年，在 2020 年之前会出现稳定在 490～535ppm 水平目标的二氧化碳排放高峰年，在 2030 年之前会出现稳定在 535～590ppm 水平目标的二氧化碳排放高峰年。

2007 年 12 月在印度尼西亚巴厘岛举行的联合国气候变化大会制定了世人关注的应对气候变化的"巴厘岛路线图"，该路线图要求发达国家在 2020 年之前将温室气体减排 25%～40%。"巴厘岛路线图"为全球进一步推进节能减排起到了积极的作用，具有里程碑的意义。此后不久，联合国环境规划署确定 2008 年世界环境日的主题为"转变传统观念，推行低碳经济"。2008 年 7 月，在 G8 峰会上，八国表示将寻求与《联合国气候变化框架公约》的其他签约方一道，共同达成到 2050 年把全球温室气体排放减少 50% 的长期目标。2009 年 7 月，八国集团领导人表示，愿与其他国家一起达到 2050 年全球温室气体排放量至少减半，并且发达国家排放总量届时应减少 80% 以上的目标。2009 年 12 月，在哥本哈根召开的《联合国气候变化框架公约》缔约方第 15 次会议通过了《哥本哈根协议》。该协议维护了《联合国气候变化框架公约》及《京都议定书》确立的"共同但有区别的责任"原则，就发达国家实行强制减排和发展中国家采取自主减缓行动作出安排。2012 年 11 月在多哈召开了《联合国气候变化框架公约》第 18 次缔约方大会暨《京都议定书》第 8 次缔约方大会，这次会议从法律上确定了《京都议定书》第二承诺期，达成了为推进《联合国气候变化框架公约》实施的长期合作行动全面成果，坚持了"共同但有区别的责任"原则，维护了《联合国气候变化框架公约》和《京都议定书》的基本制度框架。多哈会议把联合国气候变化多边进程继续向前推进，向国际社会发出了积极信号。

二、中国的节能减排战略轨迹

中国提出并实施节能减排战略由来已久，特别是进入 21 世纪以来，伴随着中国作出建设资源节约型和环境友好型社会的重大决策，中国贯彻实施节能减排战略更加坚定不移。

1980 年国务院批转国家经济委员会、国家计划委员会《关于加强节约能源工作的报告》和《关于逐步建立综合能耗考核制度的通知》，明确提出"开发与节约并重，近期把节约放在优先地位"的能源总方针。1998 年，《中华人民共和国节约能源法》的公布和实施用法律的形式明确了"节能是国家发展经济的一项长远战略方针"，确定了节能在中国经济社会建设中的重要地位。2007 年新修订的《中华人民共和国节约能源法》明确提出，"节约资源是我国的基本国策。国家实施节约与开发并举、把节约放在首位的能源发展战略"。

在 2004 年 3 月中央人口资源环境工作座谈会上，中国首次提出建立"资源节约型社会"。2004 年 4 月，国务院办公厅发布了《关于开展资源节约活动的通知》，该通知的目的是加快建设资源节约型社会，推动循环经济发展，解决全面建设小康社会面临的资源约束和环境压力问题，保障国民经济持续快速协调健康发展。2004 年 6 月，国务院常务会议讨论并通过了《能源中长期发展规划纲要（2004—2020 年）》（草案），把能源规划纳入经济社会发展总体规划。2004 年 11 月，国家发展和改革委员会（简称国家发改委）发布了中国首个《节能中长期专项规划》，该规划提出了十大重点节能工程，并设计提出了 2020 年节能的目标要求。2004 年 12 月，新修订的《中华人民共和国固体废物污染环境防治法》颁布，首次将限期治理决定权由人民政府赋予环保行政主管部门，强化了环境执法手段，有利于打破地方保护，标志着中国节能减排立法的重大突破。

在 2005 年 3 月中央人口资源环境工作座谈会上，中国首次提出建立"资源节约型、环境友好型社会"。2005 年 5 月国务院成立国家能源领导小组，统筹规划全国能源发展战略并协调全国能源工作。2005 年 6 月，国务院发布了《关于做好建设节约型社会近期重点工作的通知》，强调必须加快建设节约型社会，从节能、节水、节材、节地和资源综合利用五个方面提出了建设节约型社会的重点工作，并提出了加快节约资源的体制机制和法制建设七个方面的措施。2005 年 7 月，国务院发布了《关于加快发展循环经济的若干意见》，提出：按照"减量化、再利用、资源化"原则，采取各种有效措施，以尽可能少的资源消耗和尽可能小的环境代价，取得最大的经济产出和最少的废物排放，实现经济、环境和社会效益相统一。2005 年 10 月，党的十六届五中全会通过的《中共中央关于制定国民经济和社会发展第十一个五年规划的建议》明确提出：把节约资源作为基本国策，发展循环经济，保护生态环境，加快建设资源节约型、环境友好型社会。随后，在国家的"十一五"规划纲要中，正式确立了节约资源的基本国策地位。

2006 年 3 月，全国人大批准的《中华人民共和国国民经济和社会发展第十一个五年规划纲要》对节能减排提出了明确的目标。2006 年 8 月 5 日，国务院发布的《"十一五"期间全国主要污染物排放总量控制计划》中指出，要加大工业污染源治理力度，严格监督执法，实现污染物稳定达标排放。2006 年 8 月，《国务院关于加强节能工作的决定》中指出，能源问题已经成为制约经济和社会发展的重要因素，要从战略和全局的高度，充分认识做好能源工作的重要性，高度重视能源安全，实现能源的可持续发展。该决定提出，解决我国能源问题，根本出路是坚持开发与节约并举、节约优先的方针，大力推进节能降耗，提高能源利用效率。因此，必须把节能工作作为当前的紧迫任务，列入各级政府重要议事日程。

2007 年 3 月，国家环境保护总局（简称环保总局）发出《关于发布〈加强国家污染物排放标准制修订工作的指导意见〉的公告》，规定了国家污染物排放标准体系的设置原则、排放标准内容的设定要求及各类排放标准之间的关系等。《加强国家污染物排放标准制修订工作的指导意见》的公布，标志着规定我国国家污染物排放标准的"标准"正式诞生，对于国家推进节能减排工作具有重大意义。2007 年 4 月 10 日，国家发改委发布《能源发展"十一五"规划》，该规划主要阐明国家能源战略，明确能源发展目标、开发布局、改革方向和节能环保重点，是未来五年我国能源发展的总体蓝图和行动纲领。2007 年 4 月 25 日，国务院成立节能减排工作领导小组，负责部署节能减排工作，协调解决工作中的重大问题，进一步改革和完善了节能监管体制，提高了节能减排工作的权威性和有效性。2007 年 5 月，国务院发布了《国务院关于印发节能减排综合性工作方案的通知》，对节能减排政策进行进一步细化。2007 年 6 月，《国务院关于印发中国应对气候变化国家方案的通知》发布，这是中国第一部应对气候变化的政策性文件，也是发展中国家在该领域的第一部国家方案，它全面阐述了中国在 2010 年以前应对气候变化的对策。《中国应对气候变化国家方案》中提出，到 2010 年，实现单位 GDP 能源消耗比 2005 年降低 20% 左右，同时还要调整能源结构，尽可能少用化石燃料，多生产一些可再生能源，力争到 2010 年使中国可再生能源的比重提高到 10%，通过这些措施来减少二氧化碳排放。为加快可再生能源的发展，促进资源节约和环境保护，积极应对全球气候变化，国家发改委于 2007 年 8 月印发了《可再生能源中长期发展规划》，规划提出，到 2010 年使可再生能源消费量达到能源消费总量的 10% 左右，到 2020 年达到 15% 左右，实现有机废弃物的能源化利用，基本消除有机废弃物造成的环境污染。

2008 年 3 月 3 日，国家发改委发布的《可再生能源发展"十一五"规划》指出，我国的水能、生物质能、风能和太阳能资源丰富，已具备大规模开发利用的条件。"十一五"时期我国可再生能源发展的首要任务是加快发展水电、生物质能、风能和太阳能，提高可再生能源在能源结构中的比重。2008 年 3 月 18 日，环境保护部（简称环保部）印发《污染源自动监控设施运行管理办法》，自 2008 年 5 月 1 日起施行。该办法主要是为加强对污染源自动监控设施运行的监督管理，保证污染源自动监控设施正常运行，加强对污染源的有效监管，是落实污染减排"三大体系"（节能减排统计、监测和考核体系）建设的重要文件。2008 年 8 月 1 日，国务院颁布《公共机构节能条例》，该条例自 2008 年 10 月 1 日起施行。条例指出：公共机构应当建立、健全本单位节能运行管理制度和用能系统操作规程，加强用能系统和设备运行调节、维护保养、巡视检查，推行低成本、无成本节能措施；公共机构办公建筑应当充分利用自然采光，使用高效节能照明灯具，优化照明系统设计，改进电路控制方式，推广应用智能调控装置，严格控制建筑物外部泛光照明以及外部装饰用照明；公共机构的公务用车应当按照标准配备，优先选用低能耗、低污染、使用清洁能源的车辆，并严格执行车辆报废制度（王爱冬和赵鑫，2011）。

2009 年 1 月，环境保护部公布 2009 年污染减排目标：二氧化硫、化学需氧量排放量分别比 2005 年下降 9% 和 8%；全国要新增城市污水日处理能力 1 000 万吨，新增燃煤电厂脱硫装机容量 5 000 万千瓦以上。2009 年 5 月 18 日，财政部、国家发改委发布《关于开展"节能产品惠民工程"的通知》，决定安排专项资金，采取财政补贴方式，支持高效节能产品的推广使用。2009 年 5 月 19 日，国务院批转国家发改委的《关于 2009 年深化经济体制改革工作的意见》明确表示，要加快理顺环境税费制度，研究开征环境税。根据意见，国家将完善节能减排目标责任评价考核体系和多元化节能环保投入机制等一系列与环保相关的机制建设。2009 年 6 月，国务院召开节能减排工作会议。会议强调，要坚持以科学发展观为指导，进一步增强做好节能减排工作的紧迫感和责任感，把节能减排作为调整经济结构、转变发展方式的重要抓手，作为应对国际金融危机、促进经济发展的新的增长点，全面深化改革，完善体制机制，加大工作力度，打好节能减排攻坚战。

2010 年 4 月工业和信息化部（简称工信部）发布《关于进一步加强中小企业节能减排工作的指导意见》，要求加快提高中小企业节能减排和资源综合利用水平，加大财政资金支持力度，建立完善中小企业节能减排融资机制。2010 年 4 月，国家发改委、财政部、中国人民银行、国家税务总局联合发布《关于加快推行合同能源管理促进节能服务产业发展的意见》，要求充分认识发展节能服务产业的重要意义。2010 年 5 月，国务院发布《关于进一步加大工作力度确保实现"十一五"节能减排目标的通知》，再一次重申"十一五"节能减排目标，要求把节能减排放在更加突出的位置。2010 年 9 月，国务院常务会议通过《国务院关于加快培养和发展战略性新兴产业的决定》，将节能环保纳为七大新兴产业之一，享受专项财政资金支持等一系列优惠政策。

2011 年 3 月，国务院发布的《中华人民共和国国民经济和社会发展第十二个五年规划纲要》明确了"十二五"期间的节能减排主要目标。2011 年 8 月，国务院发布的《"十二五"节能减排综合性工作方案》为实现"十二五"期间的节能减排主要目标制订了具体的工作方案。

2012 年 8 月国务院发布《节能减排"十二五"规划》。该规划提出，到 2015 年，全国万元 GDP 能耗下降到 0.869 吨标准煤（按 2005 年价格计算），比 2010 年的 1.034 吨标准煤下降 16%（比 2005 年的 1.276 吨标准煤下降 32%）。2015 年，全国化学需氧量和二氧化硫排放总量分别控制在 2 347.6 万吨、2 086.4 万吨，比 2010 年的 2 551.7 万吨、2 267.8 万吨各减少 8%，分别新增削减能力 601 万吨、654 万吨；全国氨氮和氮氧化物排放总量分别控制在 238 万吨、2 046.2 万吨，比 2010 年的 264.4 万吨、2 273.6 万吨各减少 10%，分别新增削减能力 69 万吨、794 万吨。该规划还提出了十个方面的保障措施，包括坚持绿色低碳发展，在制定和实施发展战略、专项规划、产业政策时体现节能减排要求；强化目标责任评价考核，进一步完善节能减排统计、监测、考核体系，加强评价考核，实行问责制等。

改革开放三十多年来，我国政府对能源和环境问题非常重视，特别是 2004 年以来，节能减排作为中国经济社会发展中最重要的问题之一，已被提上国家最高决策层的议事日程。实施节能减排战略，对于减少人类生存环境污染、保障我国经济持续健康发展、促进能源技术进步、维护国家经济安全都具有极其深远的意义。

第二节　政府生态责任的内涵及其理论基础

21 世纪的生态保护是全社会共同参与的社会活动，作为公共权力机构的政府，肩负着义不容辞的生态保护责任，这是现代社会建立责任政府的必然要求。厘清政府生态责任的内涵及其理论基础，是为在节能减排中建设政府生态责任提供思路。

一、政府生态责任的内涵

强化政府责任运行既是现代民主政治的一种基本价值观念，也是对政府公共行政进行民主控制的一种制度安排（潘秀珍，2006）。现代政府必须回应社会和民众的基本要求并积极采取行动加以满足，必须积极履行其社会义务和职责（周庆行和王洪增，2006）。政府生态责任是指政府在倡导以人为本行政理念的同时，必须积极回应民众对资源节约型、环境友好型、气候适应型社会和低碳导向型社会的需求，采取行动满足人民利益诉求。因此，政府责任的基本理念是我们理解政府生态责任内涵的基础与前提。

中外学者虽然基于不同的视角，对政府责任的论述呈现出各自的差异，但基本上还是主要从行政法学和公共行政学的角度来界定政府责任的。美国行政法学学者哈曼认为，在传统公共行政理论中，行政责任的概念包括课责（决定某人是否遵守法律或命令的标准）、道德义务（包括专业标准、伦理守则等）与因果关系（以因果关系来认为谁该为政策负责）三者。美国公共行政学学者詹姆斯·W. 费斯勒和唐纳德·F. 凯特尔认为，行政责任具有两个方面：其一是负责，表现为忠实地遵守法律，遵守上级的命令和经济与效率的标准。其二是道德的行为，即坚守道德的标准，避免出现不符合伦理道德的行为。中国行政法学学者王成栋（1999）认为，政府的行政责任至少在三种意义，即行政法律责任、行政政治责任、行政违宪责任上使用。中国公共行政学学者张国庆（2000）认为，政府责任应就是"指政府及其行政人员因其公权地位和公职身份而对授权者和法律法规所承担的责任"。中国行政管理学学者张成福（2000）则认为，政府责任应视为政府社会回应力、政府的义务和法律责任构成的整体概念，包括政治责任、道德责任、行政责任、政府的诉讼责任和政府的侵权赔偿责任五个方面的内容。可见，尽管学者们对政府责任的论述侧重有所不同，但都认为政府责任应包含的意思有两层：一是政府所应承担的职责、义务；二是政府未能承担起应负的职责、义务时应依法受到责任追究。

生态责任行政是现代生态行政法的基本理念，是责任政府应当恪守的基本原则。政府作为生态保护的主导力量以及社会公共利益的根本代表，必须对自己的生态行为承担责任，以确保政府生态行政权力始终处于责任状态。《斯德哥尔摩宣言》宣告，"各国政府对保护和改善现代人和后代人的环境具有庄严的责任，各国政府应加强现有环境管理机构的能力和作用"。

关于政府生态责任，国外学者多站在行政学和公共管理学的角度对其进行研究，西方发达国家更为重视政府生态责任的履行，其相关的法律制度较为完善。美国学者魏伊丝（2000）在其《公平地对待未来人类：国际法、共同遗产与世代间衡平》一书中探讨了地球使用的义务，包括保护资源的义务，保证平等使用的义务，避免负面影响的义务，防止灾难、减少损失和提供紧急援助的义务，赔偿环境损失的义务，并指出"必须将这些义务放在一个动态的国际法律环境中看待，在实现这些义务方面，国家、非政府组织、公司和个人都有着重要的作用"。

美国学者芬德利和法贝尔（1997）在《环境法概要》一书中提到，理想的法律制度就是能够达到"任何个人可以通过起诉来终止任何违反环境法的政府行为"。英国学者斯托克（1999）在《作为理论的治理：五个论点》中提到，"在新的治理理念指导下，虽然通过市场机制、群众参与的手段，政府可以下放一部分的环境权力，但这并不意味着其责任的减弱。政府生态责任只是以另一种形式继续存在着，政府仍必须起到提供制度安排，推动、协调、保证'环境善治'展开的作用，并因政府提供制度安排及其推行、监督具体制度的实行行为的全局性、统筹性而越发显得重要"。

国内学者对政府生态责任内涵的研究，更多的是基于政府责任基本理念来进行的，尽管表述各异，但基本上是围绕着政府生态责任应包含的两层意思，即政府所应承担的生态职责、义务，以及政府未能承担起应负的生态职责、义务而依法受到责任追究的。例如，蔡守秋（2008）认为，政府生态责任是指法律规定的政府在环境保护方面的义务和权力（合称为政府第一性环境责任），以及因政府违反上述义务和权力的法律规定而承担的法律后果（简称政府环境法律责任，也称政府第二性环境责任）。政府环境职责即法律规定的政府在环境保护方面的义务，也称政府第一性环境义务。政府环境职权即法律规定的政府在环境保护方面的权力。也就是说，政府生态责任包括政府环境职权或政府环境权力、政府环境职责或政府环境义务，以及政府因违反有关其环境职权、环境职责的法律（包括不履行政府环境职责和义务、不行使政府环境职权和权力、违法行使政府环境职权等）而依法承担的政府环境法律责任。除此之外，国内其他学者也分别从不同角度阐述了政府生态责任的内涵，代表性的观点如下：认为政府生态责任是政府在对生态环境的开发、保护及对破坏生态环境的行为约束等方面负有责任（朱晓，2007）；认为政府的生态责任是政府在自然资源和生态环境的保护及社会的可持续发展中所应承担的义务和职责，是政府的基本职责之一，是政府政治责任、行政责任和道德责任的一种延伸（何跃和黄沁，2006）；认为环境保护中的政府责任是指在环境保护领域，中央和地方各级人民政府以及执行公务的人员，根据环境保护的需要和政府的职能定位所确定的分内应做的事，以及在法律规定范围内没有做或没有做好分内应做的事时所要承担的不利后果，包括积极和消极两个层面的政府环境责任（钱水苗和沈玮，2007）。

可见，政府生态责任是指在生态文明时代，在责任政府的现代化背景中，政府在生态建设、环境保护及社会可持续发展方面应承担的义务和职责（高卫星，2006）。其具体包括政府在生态建设和保护方面负有的提供科学理念的责任、政府在生态建设和保护方面负有的制度供给的责任、政府在生态建设和保护方面负有的组织实施的责任，以及政府应担负起的社会生态保护的示范者和引导者角色的责任。

二、政府生态责任的理论基础

对政府生态责任理论基础的研究，学者们提出的主要理论有生态信托理论、公民环境权理论、环境公共需求理论及政府职责本位理论。

（一）生态信托理论

生态信托理论是基于公共信托（public trust）理论发展而来的。公共信托理论是西方国家政治领域的基础理论之一，也称"公共委托"，在法国《权利宣言》和美国《弗吉尼亚权利法案》等著名的文件中得到鲜明的宣示。《弗吉尼亚权力法案》第 2 条指出：所有的权利都属于人民，因而也来自人民；长官是他们的受托人与仆人，无论何时都应服从他们。公共信托理论在法学领域的历史渊源可以追溯到 6 世纪东罗马帝国皇帝查士丁尼组织编写的《法学阶梯》一书，该书指出：根据自然法，空气、流水、海洋及海岸为全人类共有。英国普通法在此基础上形成了生态信托理论，认为国土是公共信托财产的受托人，拥有海洋底土和潮汐地，并为航运、商业和渔业的公共使用进行委托管理（蔡守秋，2000）。

美国密歇根州立大学教授约瑟夫·L. 萨克斯以法学中的共有财产理论和政治学中的公共信托理论为根据，于 1969 年提出"生态公共财产论"和"生态公共信托论"，奠定了生态信托理论的基础。该理论认为，空气、阳光、水等人类生活所必需的环境要素在当今受到了严重的污染和破坏，因此，在维持人类正常生活的基础上，不应再将它们视为"自有财产"，而应该作为所有权的客体；环境资源就其自然属性和对人类社会的重要性来说，应该是全体国民的"共享资源"，公民可以将它委托给国家代为管理，被委托人一旦接受委托，就必须尽职尽责地保护和管理，不得未经公民的同意滥用委托权力（吕忠梅，2000）。美国的环境保护法律实践就采用生态信托理论作为判决的依据，以生态信托理论确立了所有人在权利的行使上应当服从公共权利的原则。生态信托理论遵循信托的基本法理，承认环境资源的双重所有权，国家或政府作为受托人，对环境资源享有普通法上的所有权，同时承担着诸多义务，而全体公民作为委托人和受益人，对环境资源享有所有权，他们是纯享受利益之人（周小明，1996）。如果国家或政府滥用权力，或未尽善良管理人的义务，或损害受托人的利益，或不能公平地对待多数受益人，公民可以行使其环境权，请求国家履行受托人义务，为全体公民保护和改善环境。

由此可见，生态信托理论是政府在环境保护中公开环境信息的理论基础，同时也为公民有权监督政府行为提供了依据和保障。

（二）公民环境权理论

环境权是一种新兴的基本权利。尽管环境权的思想萌芽可能很早就已产生，但环境权作为一项基本而迟来的法律权利，却主要是 20 世纪六七十年代世界性环境危机和环境保护运动的产物（蔡守秋，2002）。约瑟夫·L. 萨克斯的"生态公共财产论"和"生态公共信托论"为环境权作为一项独立的权利提供了理论基础，在此基础上确立了"公民享有在良好的环境中生活的权利"的原则，从而在法理上产生了公民环境权的权利新观念。

公民环境权的提出首先在美国和日本两国得到确立。美国于 1969 年《国家环境政策法》中规定，"每个人都应当享受健康的环境，同时每个人也有责任为维护和改善环境作出贡献"。1970 年，在日本东京召开的关于公害问题的国际座谈会中发表的《东京宣言》中提出，"我们请求，把每个人享有的健康和福利等不受侵犯的环境权和当代人传给后代的遗产应是一种富有自然美的自然资源的权利，作为一种基本权利，在法律体系中确定下来"。随后，1972 年在瑞典斯德哥尔摩召开的联合国人类环境会议上发表的《人类环境宣言》正式宣称，"人类有权在一种能够过尊严和福利的生活的环境中，享有自由、平等和充足的生活条件的基本权利，并且负有保护和改善这一代和将来的世世代代的环境的庄严责任"。至此，公民的环境权开始得到世界的认同。随后，公民环境权相继被各国宪法和法律确认，其中以宪法的形式加以调整的有葡萄牙、匈牙利等，以环境保护基本法加以确立的有瑞士、泰国、古巴、罗马尼亚等。

理论界对于公民环境权内容的界定既有实体上的也有程序上的，就实体权利而言，理论上一般包括环境使用权、清洁空气权、清洁水权、安宁权、通风权、优美权等。值得注意的是，这些权利虽然将权利所指向的对象进一步明晰，但是基于从法律实践与程序上切实保护和实现公民环境权的考虑，了解公民环境权在程序上的具体权利更为必要，具体如下：①知情权，即作为环境权主体的公民及其组织，应当有权获得国家环境监测管理机关所提供的真实的、科学的、完整的环境资料。根据这一权利，人们有权向相应机关、单位索取必要的关于环境状况的信息与资料，同时，国家有关机关与单位也有义务定期或不定期发布所持有的资料性信息，以供有需要的公民及组织查询和参考。②参与权，即在知情权的支撑下，作为环境权主体的公民及其组织有权参与国家的环境立法与行政实施。其表现形式主要有公民及其代表、团体或其他组织有权提出立法的倡议或提案，以及国家制定或修改重要的环境方面的法律法规应交付社会公议等。③督促权。它是指公民有监督、促使环境管理机关履行职责的正当权利。从目前的环境法律运行情况看，"无法可依"固然是症结所在，但"有法不依、执法不严"的现象更是屡见不鲜，"只罚不管、以罚代治"的现象屡禁不止。基于此，法律应当赋予公民对类似事件提出质疑甚或控诉的监督权利。④求偿权。它既包括请求对权利的救济、修复，也包括请求对所遭受的损害进行赔偿、补偿。根据该权利，公民可要求传统上自身遭受的现实损害造成的损失的赔偿，还可以请求由于人们认为自身所处环境遭到破坏所造成的舒适度下降、愉悦度降低及可能受到的潜在损害所请求的补救、赔偿（李晶晶和屈植，2006）。

（三）环境公共需求理论

立法的动力来自于社会需求，这是从社会学的理论视角来展望，而满足社会需求，特别是社会公共需求，是政府的主要责任。由于环境污染和破坏日益加剧，环境问题已严重威胁到人类的生存与可持续发展，对环境的需求遂成为公共需求，对环境公共需求的满足已成为政府的重要责任。而环境产品和环境服务由于具有"供给的普遍性"与"消费的非排他性"特点，成为典型的公共物品。萨缪尔森和诺德豪斯（1996）将公共物品定义为"公共物品是这样一些产品，不论每个人是否愿意购买它们，它们带来的好处不可分割地散布到整个社区里。相比之下，私人物品是这样一些产品，它们能分割并可分别提供给不同的个人，也不带给他人外部的效益和成本"。约瑟夫·E. 斯蒂格利茨（Joseph E. Stiglize）所著的《经济学》中提出，公共物品是这样一种物品，在增加一个人对它分享时，并不导致成本的增加（它们的消费是非竞争性的），而排除任何个人对它的分享都要花费巨大的成本（它们的消费是非排他性的）。可见，非竞争性和非排他性是公共物品所具有的重要特征。非竞争性是指一个人对公共物品的消费或享受并不会减少其他人对这种物品的消费或享受；非排他性是指要排除任何人消费一种公共物品的利益要花费非常大的成本。严格地讲，只有同时具备非竞争性和非排他性特征的物品才能称之为纯公共物品。公共物品的两个基本特征造成公共物品使用过程中容易产生两个问题——"公有地的悲剧"和"搭便车"。简单地说，"公有地的悲剧"就是人们为了使个人利益最大化，无限度地使用公用资源，导致该资源的过度消耗以致最终枯竭。"搭便车"现象则是指不需要支付任何费用就可以享用别人付费的东西。因此，在环境产品和环境服务的供给上存在"市场失灵"，政府作为公共物品的管理者和公共服务的提供者，应主动承担起生态责任，满足公众的环境需求，发挥"有形之手"的作用。

随着社会生活水平的提高，人们越来越追求生活的高品质，舒适、良好的环境便成为环境公共需求的重要内容。这就要求政府在环境保护中充分发挥政府的法制作用，对企业和个人的环境违法行为予以法律的约束和制裁，遏止生态环境的日益恶化；要求政府建立一种机制来对环境进行有效保护，并提供更多的公共物品和公共服务来改善环境，从而满足人们的环境公共需求。《中华人民共和国宪法》（简称《宪法》）第26条规定的"国家保护和改善生活环境和生态环境，防治污染和其他公害"就充分体现了政府满足人们环境公共需求的职责。

（四）政府职责本位理论

如前所述，政府责任既包含政府所应承担的职责、义务，还包含政府未能承担应负的职责、义务时而应依法受到责任追究。当在一个政府内部能够有效地贯彻和深入行政问责，并获得良好的行政生态运行环境与体制环境时，这个政府就是负责任的政府，就具备了责任政府的实质特征。政府的积极责任意味着我们不仅需要为行政人员的行为确立准则并制定规范，还需要为其构建起伦理观念和道德体系，用理性的力量塑造行政人员的责任信念和行政人格，靠有效的责任控制机制加以形成和实现。根据行政法学理论和政府职责本位理论，政府职责和政府职权的对立统一关系中，政府职责是第一位的、是更基本的，政府职权是由职责决定和界定的，它为履行职责提供手段和保证；职责是本位、是"体"，职权是职责的衍生、是"用"，政府职权应该依托于政府职责。在环境法的政府环境责任中，更基本的应该是政府环境职责，应该在健全政府环境指导、环境服务职责的基础上，健全政府环境管制职权。只有在环境职责本位的基础上健全政府环境责任，才能加强政府自身建设，建设环境责任型政府和环境服务型政府，并带动政府环境监督管理（蔡守秋，2008）。

环境管理理念的创新要求政府环境管理方式的制度化建设，因此，必须改革导致环境政策的有效实施受到严重制约的体制性原因，建立长效机制，充分发挥政策的积极作用，克服某些负面效应。长效机制中最为重要的制度创新就是政府问责制度的建立，它通过加强政府的责任意识，更好地发挥政府环境公共服务的职能，促进环境管理理念向社会本位回归，积极改善环境状况，确保公众正当性和合法性的环境权益的实现。强调政府生态责任意识的目的在于帮助政府摆正自己的位置，改变政府基于传统管制理念而生成的职能运行方式，从而提高政府的服务质量，为社会、企业、公民提供更多更好的环境服务。因此，对政府限制权利、扩张义务无论是对权利义务关系的平衡还是对自然环境的生态平衡都是必要的。因此，为了实现这种公众所有的正当利益，政府对环境事务既享有权力，又承担责任（巩固，2008）。只有将环境保护确认为政府的一项基本职责，将提供适宜人类生活的环境当做一项公共服务的内容，即将环境作为行政公产的共用公产来提供，才能最终保证和提升社会公众的生活质量，达到政府的行政目标（吴志红，2008）。

公民环境权和公共环境利益理论都认为公民个人或者其公众享有对环境的权益，权益代表的是权利。传统法学理论认为，权利和义务是相对的，有权利主体的存在就必须有相应的义务主体作为或者不作为某一行为，来满足权利主体的需要。环境权益的主体是公民或者公众，相对应的义务主体就是政府，这为政府生态责任的设立提供了理论依据（缪仲妮，2010）。

第三节　节能减排中政府生态责任的新理念

大力推进节能减排是我国当前抓住经济发展机遇和促进社会文明转型的战略选择。我国现在的节能减排工程正处于从理念倡导、典型示范过渡到全面推进的关键时期，因此，政府在节能减排中的主导作用成为关键。"一个功效显著的市场经济乃是以国家采取某些行动为前提的；有些政府行动对于增进市场经济的作用而言极有助益；市场经济还能容受更多的政府行动，只要它们是那类符合有效市场的行动"（冯·哈耶克，1997）。可见，只有在政府生态责任的制度安排上注入符合有效市场行为的新理念，才能真正发挥政府在推动节能减排中的关键作用。

一、人本和谐——政府生态责任的价值取向

节能减排是科学发展观的实践新模式，是可持续发展的根本途径和必然选择。可持续发展的关键是人的全面发展，人的全面发展是社会发展的主体和核心，是实现人与自然和谐发展的前提和归宿，是人与自然最终获得和谐发展的希望所在（周媛和彭攀，2010）。这决定了政府生态责任的法律制度安排必然要以追求以人为本的生态和谐为价值取向，即将人与自然联系起来，将"以人为本"运用到人与自然的关系之中，在强调"以人为本"时坚持"以自然为根"，在强调"以人为主导"时坚持"以自然为基础"（蔡守秋，2005a）。以人为本的生态和谐具体包括以下内容。

（一）人本和谐价值观的理论基础

（1）"人为自身立法"的人本伦理观。首先，人只有将自己认定为一个保护自然生态环境的人，才会认为保护自然环境具有价值合理性和社会正当性，并做到自觉保护自然环境。其次，人与自然的融合统一，不是通过将人置于自然界之中，使人成为自然界的成员实现的，而是将自然存在物纳入人的"目的王国"中实现的。最后，生态伦理应该是人为自身立法。生态伦理的本质不仅仅是为了满足人的利益而对人设置的行为界限，也不完全是出于对自然界和自然存在物的权利和内在价值的尊重而强迫承担的道德义务，更为主要的是，关爱自然界之人性为自身的意志和行为制定的道德法则，是关爱自然界之人性自我实现的必然要求（曹孟勤，2004）。

（2）"自然向人生成"的人本生态观。首先，人本生态观的根本特征是树立

了与"自然向人生成"的世界本体相对应的整体性的真理观和价值观。人本生态观把世界的整体性揭示出来，要求以基于自然界的整体眼光看生态系统。其次，人本生态观肯定了人的存在和生成的生态性，即人是"自然—社会—文化"的生态产物。人本生态观以人为本，同时又认为生态是人的生成之本，即人和人的生成之本都在于生态，因此，保护生态，优化生态，正是为了维护人类生成的基础。最后，人本生态观既坚持"为了人"的目的性原则，也高扬"通过人"的工具性原则。它以"通过人"实现"为了人"，全面体现了人的主体精神（陶伦康和鄢本凤，2011a）。

（3）"人与自然界之间对立统一"的人本和谐观。首先，人的尺度与自然界的尺度对立统一。在人与自然界的价值关系中，人的尺度与自然界的尺度只能是对立统一的，既要天人合一，又要人定胜天。其次，人和自然界之间肯定性关系与否定性关系对立统一。世界要持续发展，人与环境所组成的统一体就不能被破坏，因此，和谐统一体现了人与自然界发展的内在规律。这种相互作用、对立统一是推动人类社会发展的动力。最后，人类主体能动性与受动性统一。一方面，人对自然界具有能动性；另一方面，人对自然界又具有受动性。人与自然界之间关系能动性与受动性统一的必然推论就是，人与自然界之间应该是既对立斗争又统一的和谐关系，人在发挥自己的能动性改造自然界的同时，不能忽视自然界对人的制约性（陶伦康和鄢本凤，2011a）。

（二）人本和谐价值观的内涵

从价值论角度讲，人本和谐是人与人之间和人与自然之间达到融洽、协调和平衡的一种关系状态，因此，人本和谐的内容就既包含人与人之间的和谐也包含人与自然之间的和谐，人本和谐价值观的内涵既包括代内生态和谐，也包括代际生态和谐，还包括种际生态和谐。

（1）代内生态和谐，即同代人之间的横向生态和谐。其所关注的主要是自然资源开发、利用活动是否会损害当代人共同的生存条件和区域间自然资源利益是否均衡的问题。一方面，它要求人们应当切实维护好人类生存的自然资源基础，确保本代人享有持续利用资源创造财富和拥有清洁、安全、舒适的生存环境的权利；另一方面，它要求资源富集地区通过自然资源开发可以获得相应的资源利益，资源贫乏地区通过给付相应代价能够获得利用资源的机会，从而达到双方利益的均衡。它既包括一国内部当代人之间在环境资源利益分配上的和谐问题，也包括当代国家之间在环境资源利益分配上的和谐问题（郑少华，2002）。

（2）代际生态和谐。代际生态和谐概念的内涵来源于爱蒂丝·布朗·魏伊丝提出的"环境资源代际公平"理论。该理论主张，当代人与后代人的关系是各代（前代、当代和后代）的一种伙伴关系，在人类家庭成员中有着一种时间上的关联，代与代之间的公平为各代人提供了底限，确保每代人至少拥有如同祖先水准的行星资源区，如果当代人传给下一代不太健全的行星就违背了代际间的公平。当代人与后代人的生态冲突产生的主要原因是环境资源代际关系不和谐，当代人滥用了从后代人那里借来的环境和资源资本。"环境资源代际公平"理论是一种将当代人类利益与跨世代人类利益结合考虑的新思想，体现了当代人为后代人代为保管、保存地球资源的观念。

（3）种际生态和谐。种际生态和谐是指人类作为自然界的一员，与其他物种之间在享受生态利益与承担生态责任方面的和谐问题。种际生态和谐理念是古老的"毋伤害"法则的延伸：从人际关系延伸到人物关系，其价值在于保卫自然。种际生态和谐以限制人类发展经济的绝对自由为出发点，以实现人与自然的和谐为目标，其不仅强调对人的价值的承认，同时也强调对其他生命物种种群价值的承认。为此，无论从自然进化本身，还是从人与自然的关系来看，人类都应该承认其他生命物种种群的价值，承认其存在的权利，维护其生存的利益，并为尊重其生命和实现种际生态和谐尽自己的义务（郑少华，2002）。

节能减排最终是追求以人为本的生态和谐，因此，在节能减排中，政府生态责任的制度构建要坚持科学发展观，强调以人为本，实现人类社会与自然的全面发展、协调发展和永续发展。在政府生态责任的制度安排上，要推进资源节约型和环境友好型社会的形成，构建低碳社会。"两型社会"战略任务的提出，是我国主动应对气候变化，积极推动以人为本，全面协调可持续发展的具体体现。"两型社会"是可持续发展社会的具体实现形式，它以人与自然和谐共存的发展理念为指导，以区域生态系统的承载能力为基础，通过建立可持续的经济发展模式、绿色的消费模式，实现资源节约、环境友好，最终提高人类的社会福利和幸福程度。"两型社会"实际上就是我国拟构建的低碳社会（陶伦康和鄢本凤，2011a）。

二、生态安全——政府生态责任的目标选择

霍布斯认为，"人们的安全乃是至高无上的法律"。在法律至上的法治社会，"如果法律秩序不表现为一种安全的秩序，那么它根本就不能算是法律"。作为社会制度的一种，维护和保障安全、满足人们对安全的需要也是法所追求的目的之一。安全是法所要维护和追求的"秩序"所包含的实质性价值和核心内容（蔡守秋，2005b）。人类社会进入环境危机时代后，需要一个良好的环境秩序来保障人类的生存和发展，而最起码的环境秩序至少应能保障人和环境的安全。可见，生态安全是人与自然和谐的最低标准，也是环境危机时代人类生存和发展的基本需要之一。这就使得政府生态责任的目标选择中，安全比秩序显得更重要，更应当被人们关注和追求。生态安全比环境秩序更适宜作为政府生态责任的目标，因

此，在政府生态责任的制度安排上必须以生态安全作为自己的目标选择。

（一）生态安全的内涵

生态安全是指人的环境权利及其实现受到保护，自然环境和人的健康及生命活动处于无生态危险或不受生态危险威胁的状态。该定义概括了"生态安全"三个方面的含义：一是指出生态安全是一种状态；二是明确说明生态安全是一种受到保护、无危险或不受危险威胁的状态；三是指明对生态安全产生威胁的威胁来源是生态危险。构成生态安全的内在要素包括充足的资源和能源、稳定与发达的生物种群、健康的环境因素和食品。生态安全的内容包括两个部分：其一，与人类生存休戚相关的生态环境和自然资源处于良好的或不受不可恢复的破坏的状态。保护环境与合理利用自然资源，可以防止环境质量状况低劣和自然资源的减少、退化削弱经济可持续发展的支撑能力。其二，保障一切自然事物处于一种相对稳定的状态，不受外来力量的突发性破坏，防止污染和其他公害。生态安全的实质在于保障资源与环境的可持续利用。

从字面上理解，生态安全是指人类赖以生存发展的环境处于一种不受污染和破坏的状态，即安全状态。也就是说，生态安全是指人类生存环境的安全，是环境自身的安全，即人类及其环境的生存和完整性处于一种不受污染和破坏的威胁的安全状态。生态安全反映了自然生态环境和人类生态意义上的生存和发展的安全程度和风险大小。在节能减排中，政府生态责任的制度安排所要实现的生态安全可以从以下两个方面来理解。

第一，从自然环境的立场来审视，则生态安全是指自然环境能够按照自然生态规律，以自己特有的方式安全运动。这里包括两层含义：一是自然生态规律不被外界因素干扰和破坏，使自然能够按照自身的方式运动；二是自然环境也可以以自己的方式拒绝来自外界的干扰和破坏，甚至是施以报复和惩罚。可持续发展观的基本观点之一就是自然环境的安全运动。

第二，从人类的生存和发展来审视，则生态安全是指作为人类社会物质支撑的自然环境的安全，意味着人类生存与发展的安全。这种安全是综合性的安全，包括国家安全、社会安全、经济安全、政治安全等众多方面。其中，经济安全是基础条件，表现如下：一是在环境自身安全的有力支撑下，国民经济稳定、健康和可持续发展；二是抑制环境系统中的不协调因素，控制环境污染，防范环境风险等消极环境状态，使国民经济得到自然环境的有力支撑。

为了维持生态系统的平衡与保障生态安全，需要发展低碳经济。人类活动必须符合生态学规律，不得超过两个极限：一是从自然界索取资源的速度、强度不能超过资源本身及其替代品的再生繁殖能力，即生态承载力；二是排放到环境中的废弃物不能超过生态系统的自净（纳污）能力，即环境容量，否则，就会导致环境污染、生态破坏、资源枯竭等问题，从而危害人体生命健康、财产安全、经济与社会的发展等，进而威胁到国家与整个地球的生态安全。

（二）生态安全的实现

自人类诞生以来，生态安全就不断受到人的威胁，人对人与自然关系的错误认识导致人的生存和发展的需要与生态安全处于矛盾之中。一方面，生态安全是人生存和发展的最基本需要，它为人类提供着赖以生存和发展的稳定和有序的环境资源系统；另一方面，人类不断增长的发展需要和欲望，以及不可持续的经济模式也对生态安全造成了极大威胁，甚至已经严重破坏了环境资源系统的可持续发展。节能减排是以实现人类社会、经济与环境资源可持续发展为目的的低碳经济模式，它倡导物质循环和节约利用，通过自然界中物质资源的循环和能量闭环流动使资源得到充分利用，减少环境资源的破坏和浪费，从而实现环境资源系统一致性、稳定性和确定性的发展。因此，节能减排必然是一种可以最大限度地实现生态安全的低碳经济模式。对促进低碳经济发展的政府来说，生态安全自然成为其所要追求和实现的目的，而政府生态责任法律制度的合理安排是生态安全目标从应然走向实然的必然选择。

首先，健全政府实现生态安全的节能减排宏观管理责任。在政府生态责任的法律制度中，政府的节能减排宏观职能主要是通过诱致性措施的安排来鼓励各类社会主体主动开展资源循环利用活动的。诱致性制度包括规划制度、财税制度、专项基金制度、信贷制度、价格制度、政府采购制度、产品的示范和推广制度等。这些制度使废物循环的正外部性损失得到补偿，并把资源循环利用变为有利可图的活动。正外部性使私人成本小于私人收益，而诱致性制度的实质是利用公共资源协助私人主体实现投资与收益的平衡。没有政府的这种公共援助，很多废物循环项目就会因缺乏合理的经济效益而无法启动，无形自然资本服务能力受损害、有形自然资本供给能力遭削弱的势头将无法得到有效遏制（董溯战，2009）。

其次，健全政府实现生态安全的节能减排监管责任。政府针对节能减排领域建立的市场监管制度和宏观管理制度都是为了纠正"社会净边际产品"价值与"私人净边际产品"价值的背离。市场监管制度主要借助强制性规则迫使各类社会主体实施资源循环利用活动，通过肯定或否定的方式约束法定的资源循环利用义务主体，使其行为依据各种法定标准，如废物的分类、运输、储存、处理准则，以及废物回收程序、废物再商品化义务量等。强制性制度不是建立于利益诱惑基础之上，而是依托于政府的强制力。该制度形成的前提应当是，强制性义务是义务主体享有某种权益的合理结果，或者说，义务主体在遵循规则时也有合理的收益（陶伦康，2010）。

最后，健全政府实现生态安全的节能减排行政指导责任。其具体包括：①健全政府实现生态安全的节能减排行政指导的实体制度，包括主体制度、行政指导范围、行政指导方法等。②健全政府实现生态安全的节能减排行政指导的程序制度。节能减排行政指导程序法律制度是节能减排行政指导实体法律制度得以实现的重要保障。节能减排政指导程序可分为简易程序、一般程序和听证程序。③健全政府实现生态安全的节能减排行政指导的救济制度。虽然行政指导不强迫对方接受，但是，接受行政指导的行政相对人毕竟也受指导主体影响，相对人严格依照行政指导实施节能减排事项而遭受的损失也必然与指导行为存在关联。因此，即使指导主体没有明显过错，受指导者一旦因指导而产生损失，指导者也应合理承担部分责任（陶伦康，2010）。

生态安全法律目标的确立，不仅完善了法的安全目标体系，而且还明确了生态安全在法律目标体系中的基础性地位。在生态危机时代，生态安全是人类生存发展的第一需要。生态安全应当被视为法律的基础性目标，成为法律活动的归宿和予以实现的目标，也应成为法律价值评价的标准。政府生态责任的法律制度安排自然应该将生态安全作为其基础性目标追求。

三、生态效率——政府生态责任的功能定位

科学技术是解决当前日益严重的气候问题和能源问题的根本出路。节能减排追求提高生态效率的本质，决定了生态效率在政府生态责任法律体系中的功能地位。

（一）生态效率的思想渊源

（1）功利主义法学派中的"功利"思想。法的效率思想可谓源远流长，最早体现在功利主义法学派中。功利主义法学派作为一个完整的法学流派产生于18世纪末19世纪初的英国，其创始人为英国的边沁，后来由密尔父子不断完善。边沁认为，人类的一切事情，包括宗教、社会、政治、经济、道德等，都源于人性。人性的规律就是趋乐避苦，它支配着人的一切行为，成为人生的目的。就是说，人们对任何一种行为表示赞成和不赞成，要由这个行为对自己是增多还是减少幸福而定。在边沁看来，国家的法律和制度好坏的标准只有一个，那就是看是否能够增进最大多数人的最大的乐。法律、制度本身不能左右人们的行为，能左右人们行为的是法律、制度中的功利。

（2）社会法学派的"社会工程"思想。社会学法学又称实用主义法学，是实用主义哲学与欧洲社会法学相结合的产物。美国实用主义法学的创立者是霍姆斯。社会法学的内容中最能体现效率思想的是庞德的"社会工程"论。庞德在《通过法律的社会控制——法律的任务》一书中提出了美国社会法学从事的"社会工程"要达到的理想是建立人类的普遍合作。庞德认为，法律制度的意义在

于：意味着那样一种关系的调整与行为的安排，它能使生活物资和满足人类对享有的某些东西和做某些事情的各种要求的手段，能在最小的阻碍和浪费的条件下尽可能多地给以满足。他提出，法学家必须做的就是尽其可能保护所有社会利益，并维持这些利益之间与保护所有利益相一致的某种平衡或协调，这也是社会法学派所面临和需要解决的问题（吕世伦，2001）。

（二）生态效率的内涵解读

生态效率翻译自英文的 eco-efficiency，其中，eco 既是生态学 ecology 的词根，又是经济学 economy 的词根，efficiency 有"效率、效益"的含义，两者组合意味着应该兼顾生态和经济两个方面的效率（徐本鑫，2011）。

生态效率在节能减排中是一个重要的概念，1992 年，世界可持续发展工商理事会（World Business Council for Sustainable Development，WBCSD）向联合国环境与发展大会提交了名为《改变航向：一个关于发展与环境的全球商业观点》的报告。该报告这样界定生态效率的概念：提供有价格竞争优势的、满足人类需求并保证生活质量的产品或服务，同时逐步降低对生态的影响和资源消耗强度，使之与地球的承载能力相一致。欧盟环境署把生态效率定义如下：生态效率是一种理念和策略，它能够使利用自然同满足人类福利的经济活动充分脱钩，以保持自然的承载力，并允许当代和后代合理进入和使用环境（陶伦康和徐本鑫，2011）。生态经济学者则将生态效率定义为"经济和环境效益的双赢"。生态效率是经济社会发展的价值量（即 GDP 总量）和资源环境消耗的实物量比值，它表示经济增长与环境压力的分离关系，是一国绿色竞争力的重要体现（诸大建和朱远，2005）。

生态效率不是一个虚置的概念，是可以通过生态经济学的技术途径，在各个层次（企业、区域、国家）、各个环节（生产、使用、消费）予以评估的（陶伦康，2010）。例如，联合国贸易和发展会议在 2004 年推出了衡量企业生态效率的指标，并已有企业应用这一套评估体系来衡量本企业的生态效率。因此，近年来我国学者在节能减排的研究中也开始使用生态效率作为研究工具。为了对生态效率有透彻的理解，有必要对生态效率的具体计算方式加以介绍。一个国家的整体生态效率可以量化为以下公式：

生态效率（资源生产率）＝经济社会发展（物质量，即 GDP 总量）÷资源环境消耗量（实物量，即资源环境消耗的实物量）

由上述公式可知，生态效率表明了经济增长与环境压力的分离关系。生态效率与劳动生产率、资源生产率和环境生产率密切相关。劳动生产率作为一种成本投入，在上述公式中并未直接体现出来，但作为一种价值量的影响因素，事实上已被包括在生态效率的计算之中。资源生产率包括单位能耗的 GDP（能源生产力）、单位土地的 GDP（土地生产力）、单位水耗的 GDP（水生产力）、单位物耗的 GDP（物质生产力）；环境生产率包括单位废水的 GDP（废水排放生产力）、单位废气的 GDP（废气排放生产力）、单位固体废物的 GDP（固废排放生产力）（徐本鑫，2011）。与其相比，传统的效率观并未把环境生产力和通常被视为"无价值的"环境资源（如江河里的水）的生产力考虑在内，而生态效率通过把环境资源等古典经济学意义上的"外生变量"纳为经济增长的"内生变量"，在理论上彻底克服了环境资源问题的"外部不经济性"。由于生态效率应用的领域不同，其概念存在细微差别。这种差别在很大程度上取决于对"输入"和"输出"，即"价值"理解的分歧。但生态效率的所有诠释在基本思想上是高度一致的，即在价值最大化的同时，使资源消耗、污染和废物排放最小化（王妍等，2009）。从生态投入和社会产出的角度讲，生态效率有两层含义：其一，在生态投入不增加甚至减少的条件下实现经济增长和社会发展；其二，在生态环境承载能力允许的范围内增加生态投入，并实现经济更好更快的发展。

（三）生态效率的功能意义

从对生态效率概念的分析我们可以看出，节能减排关注的目标显然不再是单纯的经济增长，而是生态效率的提高。效率的内涵植根于不同的时代背景。在经济发展水平低、生态平衡状况良好的情形下，效率指代的是经济发展速度，追求资本和劳动的生产率，也即通常意义上的"经济效率"；而在目前自然资源和生态环境资源相对于资本和劳动力异常稀缺的情况下，现代经济的增长需要我们从关注资本和劳动生产率转移到关注自然资源和生态环境的生产率，"生态效率"的功能得以凸显（陶伦康和徐本鑫，2011）。

首先，节能减排的生态效率价值观中折射出一种整体主义的方法论思想。传统经济主体追求利润最大化，以经济效益为唯一目标，造成当今环境污染严重和资源供需紧张的局面，而生态效率能有效缓和这种发展趋势。这体现在它的重要功能上：第一，生态效率同时考虑经济效益和生态效益，强调提高经济效益的同时保证生态效益同步增长。第二，它是将可持续发展的宏观目标融入中观（区域）和微观（企业）的发展规划与管理中的有效工具。透过这种生态效率价值观，我们看到了生态系统与人类的社会经济系统协调发展的统一性追求。基于中国这样一个现代化起点低、人口基数大、人均占有自然资源量少的国情，要追求可持续的经济增长，就要克服资源环境的瓶颈约束，实现经济与环境的"双赢"。而节能减排追求提高生态效率的本质，正好呼应了这一必然的政策选择，由此也决定了生态效率在政府生态责任法律体系中的功能性地位。突出生态效率的功能性地位，实际上就是突出政府生态责任立法最终的作用对象是社会生活的经济活动，而生态效率始终是经济活动所追求的价值之一。政府生态责任立法所追求的生态效率包含能源效率、环境效率和劳动生产率。从规范内容来说，政府生态责任法律制度主要包含规制政府经济行为、环境行为和行政行为的规范。

其次，生态效率价值观把伦理元素引入经济行为的法律调整之中。与传统的经济效率价值观相比，生态效率价值观还隐含了一种尊重自然和环境价值的生态主义的伦理性内容。诺贝尔经济学奖得主阿马蒂亚·森在其代表性著作之一的《经济学与伦理学》中指出，伦理学与经济学的分离是当代经济理论的一个重要缺陷。他的研究表明，对经济理论中"经济人"或者"自利最大化"的标准行为假设的背离会因为不同的伦理考虑而出现。因此，人们有可能忠诚于一定的行为模式（如自觉保护环境）。人们对这种行为模式的忠诚是出于一种伦理考虑，而不仅仅是成本效益的经济分析。这种新的效率价值观，克服了遭到猛烈抨击的、现代经济学对人类行为的研究范式的一个致命缺陷，即从古典经济学传承而来的、与"经济人"的人性假设绑定在一起、无视人类行为动机的多样性的研究方法，从而把伦理考虑引进经济学的研究之中，这一点对政府生态责任立法研究的"人性假设"也带来方法论上的启示。举例来说，在生产环节，实现外部成本的内部化，也就是把环境资源要素视为经济活动中的内在变量，把生态成本定量化并计入生产成本，采用排污收费、环境税制度，是把生产者的人性假设定位为"经济人"时的典型做法；在消费环节，通过消费税的征收，促使消费者购买小排量汽车，这时立法也是以"经济人"为人性假设的，而提升公众的生态伦理意识，引导消费者购买环境友好产品时，对消费者的人性假设的定位则是"生态人"或"社会人"。

政府生态责任的价值取向是增进以人为本的生态和谐，而这价值取向的实现是通过提高以技术创新为核心的生态效率来实现的。正是在这个意义上，我们说，以技术创新为核心的生态效率是政府生态责任立法的功能追求。

第三章

政府生态责任立法现状剖析

第一节　中国节能减排立法实践

在人口控制、环境保护、资源节约三大基本国策中，节能减排均涉及其中，成为我国经济社会发展战略的主要组成部分。我国节能减排立法的实践也是伴随着我国经济的不断发展、理念的不断转变、策略的不断完善而逐步展开的，并在发展中不断反思，在推进中不断修正，形成了目前较为完整的节能减排法律框架体系。我国节能减排立法进程大致经历了四个阶段。

一、节能减排立法的初期阶段：20 世纪 70 年代

新中国成立后，受"大跃进"思想的影响，为了早日实现赶超目标，政府采取运动形式发展工业，高污染的"五小"企业遍地开花，环境问题逐渐显现。1972 年国内发生了北京鱼污染、大连湾污染、松花江水污染等环境污染事件。同年 6 月，我国派代表团参加在瑞典斯德哥尔摩召开的联合国人类环境会议，了解环境保护在国际上的最新进展，会议涉及一些国家在经济发展过程中环境问题的严峻性，这对我国环境保护的理念形成、制度建设、环境管理、污染治理、节能减排等方面产生重大影响。

1973 年 8 月，我国召开第一次全国环境保护会议，审议通过我国第一个由国务院批转的环境保护文件《关于保护和改善环境的若干规定》，该规定明确了

环境保护的"32 字方针"①、"三同时"制度②和鼓励综合利用政策。该规定还明确提出，把环境保护与发展生产统一起来，统筹兼顾，全面安排。1974 年国务院颁布了《防止沿海水域污染暂行规定》，并于同年成立了国务院环境保护领导小组，在其推动下，此后相继颁布了《工业"三废"排放试行标准》、《放射防护规定》、《生活饮用水卫生标准（试行）》、《渔业水质标准》和《农田灌溉水质标准》等。

1974 年国务院正式成立了环境保护领导小组，该小组曾先后于 1974 年、1975 年、1976 年分别下发《环境保护规划要点》、《关于环境保护的 10 年规划意见》和《关于编制环境保护长远规划的通知》，并在全国范围内开展了大量卓有成效的"三废"治理和综合利用工作（曾正德，2007）。

1978 年 2 月，第五届全国人民代表大会第一次会议通过《宪法》，规定"国家保护和改善生活环境和生态环境，防治污染和其他公害"。这是《宪法》第一次对环境保护作出规定，为我国后来的节能减排立法提供了根本法依据。1978 年 12 月，中共中央批转了国务院环境保护领导小组的《环境保护工作汇报要点》，提出"消除污染、保护环境是进行经济建设、实现四个现代化的重要组成部分"。

1979 年颁布实施的《中华人民共和国环境保护法（试行）》［简称《环境保护法（试行）》］是我国第一部综合性的环境保护基本法，标志着我国环境管理工作进入法治阶段。该法提出，控制新污染源的基本制度和原则是"在进行新建、改建和扩建工程时，必须提出对环境影响的报告书，经环境保护部门和其他有关部门审查批准后才能进行设计"；新建、扩建、改建工程中防治污染和其他公害的设施，"必须与主体工程同时设计、同时施工、同时投产；各项有害物质的排放必须遵守国家规定的标准"；治理现有污染源的原则为"谁污染谁治理"。这部法律的实施也为进一步推动节能减排工作奠定了良好的基础，并初步构建了一套环境保护制度，如环境影响评价制度、"三同时"制度和排污收费制度等都通过这部法律得以确立，各种相应的环境保护机构也依据这部法律得以初步建立。

在这一时期，我国政府对环境保护及节能减排的重要性逐渐得到认识。但是，由于当时国家经济发展水平较低，尚处于工业化的初期阶段，政府和企业仍然缺乏对环境保护及节能减排的必要的重视。政府对环境管理更多停留在肤浅的认识上，出台的一些环境保护及节能减排政策也仅仅停留在文件上，对发生的环

---

① "32 字方针"，即全面规划、合理布局、综合利用、化害为利、依靠群众、大家动手、保护环境、造福人民。

② "三同时"制度，即建设项目中防治污染的设施应当与主体工程同时设计、同时施工、同时投产使用。

境污染，国家并没有较为明确具体的处罚措施。同时，受到当时社会经济发展状况的影响，对"环境污染是资本主义的事情，社会主义要解决吃饭问题"说法的广泛认同，工业企业还没有把环境污染治理及节能减排当做企业的法律责任。在经济发展上，还是走西方的"先污染后治理"老路，环境保护及节能减排的执行率很低，1976 年大中型项目"三同时"执行率仅为 18%（周宏春和季曦，2009）。

二、节能减排立法的发展阶段：20 世纪 80 年代

1980 年，国务院批转国家经济委员会、国家计划委员会《关于加强节约能源工作的报告》和《关于逐步建立综合能耗考核制度的通知》，节能作为一项专门工作被纳入国家宏观管理的范畴。同时，国家成立了专门的节能管理机构，制定并实施了我国资源节约与综合利用工作"开发与节约并重，近期把节约放在优先地位"的长期指导方针。在计划经济背景下，指令性规定成为我国当时规范节能工作的主要法律依据，具有很强的操作性（周宏春和季曦，2009）。1980～1982 年，国务院连续颁布 5 个节能指令（即 1980 年《国务院关于压缩各种锅炉和工业窑炉烧油的指令》、1981 年《国务院关于节约用电的指令》、1981 年《国务院关于节约成品油的指令》、1982 年《国务院关于节约工业锅炉用煤的指令》和 1982 年《国务院关于发展煤炭洗选加工合理利用能源的指令》），在行政法规层面开启了规制节约能源的先河。

1982 年通过的《宪法》第 26 条规定，"国家保护和改善生活环境和生态环境，防治污染和其他公害"。这为我国节能减排立法提供了根本法上的依据，也为我国节能减排法律体系框架和内容的确立奠定了基础。1982 年，国务院批转和颁布的《关于按省、市、自治区实行计划用电包干的暂行管理办法》《征收排污费暂行办法》，成为补充《环境保护法（试行）》法律调整的重要组成部分，表明行政法规和规章成为当时法律调整的主力军。为了进一步强化企业的环境保护及节能减排意识，在这期间，我国建立了具有中国特色的环境保护及节能减排的手段，即企业环境目标责任制，其主要是针对国有企业提出的。1983 年第二次全国环境保护会议将环境保护确立为基本国策，制定了"三建设、三同步和三统一"①的环境保护战略方针和"三大政策"②。1986 年，国务院发布的《关于加强工业企业管理若干规定的决定》把提高产品质量、降低物质消耗和增加经济效益作为考核工业企业管理水平的主要指标。根据当时国有企业的级别制，企业

---

① 三建设，即经济建设、城乡建设和环境建设；三同步，即同步规划、同步实施、同步发展；三统一，即经济效益、社会效益、环境效益相统一。

② 三大政策，即"预防为主，防治结合"、"谁污染，谁治理"和"强化环境管理"。

若要上等级，在企业的升级考核中，加入企业环保指标，就能有效提高企业环境管理和节能减排的效率（孙晓伟，2010）。这一阶段，我国的节能减排立法进入一个快速发展时期，一些重要的环境法律、法规相继颁布，主要如下：1979年颁布的《工业企业噪声卫生标准（试行草案）》，1982年颁布的《中华人民共和国海洋环境保护法》、《征收排污费暂行办法》、《大气环境质量标准》和《海水水质质量标准》，1983年颁布的《全国环境监测管理条例》、《环境保护标准管理办法》和《海洋石油勘探开发环境保护管理条例》，1984年颁布的《水污染防治法》，1985年颁布的《海洋倾废管理条例》，1986年颁布的《矿产资源法》、《土地管理法》和《建设项目环境保护管理办法》，1987年颁布的《大气污染防治法》，1988年颁布的《水法》。1989年《中华人民共和国环境保护法》（简称《环境保护法》）的修订完成，标志着以创建环境法律制度为目的的节能减排立法体系初步形成。

1989年第三次全国环境保护会议提出加强制度建设，深化环境监管，向环境污染宣战，促进经济与环境协调发展，并确立了环境保护八大制度（环境影响评价、"三同时"、征收排污费、限期治理、排污许可证、污染物集中控制、环境保护目标责任制、城市环境综合整治定量考核制度）。除八项制度外，在国务院的一系列文件中，增加了污染限期淘汰、危险废物处置、生产者环境责任延伸等项制度，形成了较为完善的环境保护制度。

但是，在这一时期，中国总体的环境污染治理水平仍然比较低下，环境保护及节能减排政策对企业的推动力度不够。造成这一时期环境保护及节能减排总体绩效不高的根本原因在于政府的经济社会发展战略以及企业对环境污染治理的认识态度不够。虽然政府在经济社会发展战略上关于环境保护及节能减排有认识上和行动上的较大突破，但是在对待经济发展和环境保护及节能减排之间的问题上，依然是重发展轻环保，重治理轻预防。同时，由于政府强调其经济建设职能，政府官员利用其权力所控制的资源，追求经济发展的"政绩"指标，因此许多地方存在以牺牲环境为代价来换取经济发展的短期行为。

三、节能减排立法的完善阶段：20世纪90年代

1992年我国社会主义市场经济体制的确立，标志着我国经济体制改革进入新的历史时期。在经济社会发展上，国家从战略层面提出，必须正确处理好经济建设与人口、资源、环境的关系，将经济发展与人口、资源、环境工作紧密结合，统筹安排，协调推进。1992年6月，联合国环境与发展大会在巴西里约热内卢召开，可持续发展成为环境保护的新理念。在此影响下，在国家战略层面上，我国开始接受联合国环境与发展大会会议提出的可持续发展战略思想。1992年中央9号文件发布"环境与发展十大对策"，第一次明确提出转变传统发展模

式，走可持续发展道路，并于 1994 年批准了《中国 21 世纪议程》，将节能减排纳入国民经济和社会发展目标，提出了可持续发展的总体战略、基本对策和行动方案，确立了建立可持续发展环境法律体系的目标。1996 年第四次全国环境保护会议提出保护环境是实施可持续发展战略的关键，保护环境就是保护生产力。以此目标为导向，我国的企业节能减排立法进入一个新的阶段。

"九五"（1996～2000 年）期间，第八届全国人大第四次会议审议通过了《中华人民共和国国民经济和社会发展"九五"计划和 2010 年远景目标纲要》，其中实施污染物排放总量控制被列为实现"九五"期间环境保护目标的重大举措。1996 年《国务院关于环境保护若干问题的决定》颁布，其中明确提出：要实施污染物排放总量控制，抓紧建立全国主要污染物排放总量指标体系和定期公布的制度。

在节能减排立法方面，1992 年后，国家根据环境保护趋势的需要，加强了环保立法和修订工作。出台了《清洁生产促进法》等 5 部新的环境保护方面的法律，修改了《大气污染防治法》等 3 部法律，制定和修改环境标准 200 多项（周宏春和季曦，2009）。1993 年 10 月，全国第二次工业污染防治工作会议提出了由末端治理向生产全过程控制转变，由浓度控制向浓度与总量控制相结合转变，由分散治理向分散与集中控制相结合转变。

与节能紧密相关的能源单行法，如《电力法》（1995 年）、《中华人民共和国煤炭法》（1996 年）相继出台。1997 年，第八届全国人大常委会第二十八次会议审议通过了我国第一部节能基本法律——《节约能源法》。国务院有关部门随即颁布了配套规章，如《节能产品认证管理办法》（1999 年）、《重点用能单位节能管理办法》（1999 年）、《节约用电管理办法》（2001 年）等。《节约能源法》的公布和实施确定了节能在中国经济社会建设中的重要地位，用法律的形式明确了"节能是国家发展经济的一项长远战略方针"，为中国的节能行动提供了法律保障。

这一阶段，随着可持续发展战略的实施，政府不断加大环境保护的力度，环境保护及节能减排得到前所未有的重视，环境保护及节能减排工作也取得一定的绩效，如全国环境影响报告制度执行率由 1992 年的 61% 提高到 2001 年的 97%。在取得环境保护绩效的同时，我们应该看到，在这一阶段，环境问题依然很突出，环境污染依然很严重，局部环境问题得以改善但整体出现恶化态势。这其中既有政府的原因，也有企业自身的问题。从政府的角度来看，由于市场经济体制的不完善，政府依然受"先温饱，后环保"思想的影响，政府官员仍然是以追逐 GDP 为首要目标；一些环境污染治理的经济手段没有得到有效发挥，环境保护部门更多依靠行政手段来处理环境问题，但又缺少强制力。从企业的角度来看，政府出台较多的环境管理政策以及对一些污染严重的"十五小"企业采取关停措施，在一定程度上促进了企业对环境责任的认识，但是重视和履行程度很低，甚至采取转移污染源的做法，出现从城市转移到农村、从东部转移到西部的现象。

四、节能减排立法的提升阶段：21 世纪以来

在这一阶段，国家召开了三次全国环境保护会议，环境保护成为我国经济社会发展中的决策因素；更加强调走新型工业化发展道路，加强产业结构的优化，促进循环经济的发展，建设资源节约型和环境友好型社会。

2002 年第五次全国环境保护会议提出环境保护是政府的一项重要职能，要按照社会主义市场经济的要求，动员全社会的力量做好环境保护工作，把环境保护放在更加突出的位置。2006 年第六次全国环境保护会议强调环境保护关系到我国现代化建设的全局和长远发展，充分认识我国环境形势的严峻性和复杂性以及环境保护工作的重要性和紧迫性，把环境保护摆在更加重要的战略位置，切实做好环境保护工作，推动经济社会全面协调可持续发展。2011 年第七次全国环境保护会议提出的"基本的环境质量是一种公共产品，是政府必须确保的公共服务"这一观点，再次明确界定了各级地方政府保护环境的重要职责，坚持在发展中保护、在保护中发展，积极探索环境保护新道路，切实解决影响科学发展和损害群众健康的突出环境问题，全面开创环境保护工作新局面。

针对产业转型和面临的环境问题，国家在环境规制政策上，在继续执行和完善已有措施和手段的基础上，根据现实的需要，制定了新的环境政策和法规，如2000 年修订《大气污染防治法》，2001 年修订《海域使用管理法》，2002 年修订《水法》，2002 年颁布《清洁生产促进法》《环境影响评价法》等综合性的污染防治法律，2004 年修订《土地管理法》和《固体废弃物污染环境防治法》，2008 年修订《水污染防治法》，2009 年和 2011 年两次修订《煤炭法》，2005 年颁布《可再生能源法》（2010 年修订）和《清洁发展机制项目运行管理办法》。2007 年修订的《节约能源法》明确规定：节约资源是我国的基本国策。国家实施节约与开发并举、把节约放在首位的能源发展战略。2008 年第十一届全国人大常委会第四次会议通过了《循环经济促进法》，重点规范了促进节能、节水、节地、节材等内容，可以说是我国节约自然资源的基本法律，在改变我国资源利用率低、遏制资源浪费方面具有里程碑意义。

为了进一步促进可持续发展的有效实施，国务院发布了相关文件，为经济社会的可持续发展提供保障。例如，2003 年《中国 21 世纪初可持续发展行动纲要》、2005 年《国务院关于加快发展循环经济的若干意见》，以及 2005 年《国务院关于落实科学发展观加强环境保护的决定》等一系列文件，进一步促进了企业特别是工业企业履行节能减排责任。2007 年中国颁布了《中国应对气候变化国家方案》，提出了中国应对气候变化的指导思想、原则、目标及相关政策和措施，

这是发展中国家颁布的第一部应对气候变化的国家方案。同时，我国还出台了《节能减排综合性工作方案》，对节能减排作出全面部署。2007年11月中国清洁发展机制基金成立。2009年9月，中国政府在联合国气候变化峰会上提出争取到2020年，中国的单位GDP二氧化碳排放（碳排放强度）比2005年显著下降，这是中国节能减排政策的一个质变——从能源强度到碳强度。从能源强度到碳强度的目标约束变化，体现了中国能源政策将面临一个战略性的转变，即从"十一五"时期以提高能源利用效率为主，到将气候变化因素引入能源战略。

　　经过三十多年的发展，中国在节能减排领域形成了以"三大政策"和"八项制度"为主要内容的法律制度。环境立法的演进历程反映出政府在不同时期对企业承担节能减排责任的不同措施。从中国节能减排法律法规的演变过程可以看出，中国的节能减排法律法规演变过程的总体趋势是从末端治理到污染预防，实施清洁生产和推动循环经济的发展。应该说，中国的节能减排立法对中国的气候变化、环境污染、资源和能源浪费等问题进行了详尽的分析，对相关监督管理工作进行了明确的规划，对相关经济行为进行了法律责任的界定，为中国推动节能减排工作提供了充分的前提。它们的颁布与实施，在一定程度上促进了节能减排的发展，同时也约束了不符合低碳发展理念、违背发展规律的不法行为，基本满足了节能减排工作在初期阶段的法律需求。

第二节　政府生态责任立法理念偏离

　　《关于国民经济和社会发展"九五"计划和2010年远景目标纲要的报告》提出，"要依法大力保护并合理开发利用土地、水、森林、草原、矿产和生物等自然资源，千方百计减少浪费"；《我国"十五"能源发展重点专项规划》提出，"在保证能源安全的前提下，把优化能源结构作为能源工作的重中之重"；《国民经济和社会发展第十一个五年规划纲要》提出，"坚持开发节约并重、节约优先，按照减量化、再利用、资源化的原则，在资源开采、生产消耗、废物产生、消费等环节，逐步建立全社会的资源循环利用体系"；《国家能源科技"十二五"规划》提出"加快转变能源发展方式……增强自主创新能力……提高能源资源开发、转化和利用的效率；充分运用可再生能源技术"等。但不可否认的是，我国目前的环境质量仍没有摆脱"环境污染问题十分严重、生态环境仍在不断恶化、资源短缺呈不断加剧之势"（高红贵，2005）。究其原因，我国在政府生态责任的立法理念上偏离了节能减排的本质与内涵。

一、政府生态责任让位于政府经济责任

市场是成本低廉、效益最佳的精巧机器，这是古典经济学家们的视角（李志龙，2010）。然而，在限制垄断、抑制波动、信息不对称、外部效应及公共物品等方面，市场失灵现象很明显，无法达到所期望的帕累托最优状态①（Pareto optimality）。于是，所有的目光都投向了政府，希望借助政府的力量来弥补。但我们似乎忘记了，市场解决不了的问题，政府也不一定能解决，因为市场失灵并不是政府干预的充分条件，并且政府干预本身就存在失灵的现象。"经济基础决定上层建筑"，政府也一样，它代表着多元利益（促进经济发展、增加税收、提高就业等），而不仅仅代表公共利益。因此，优先发展经济是政府的首要选择，这样就导致常常出现一些忽视环境保护的现象，从而使我国在政府生态责任法律规制上出现"重经济发展，轻环境保护""视经济增长指标为硬指标，视环保指标特别是节能减排指标是软指标"（蔡守秋，2008）的不可持续发展的立法理念。

这一立法理念的偏离在环境法治领域主要表现如下：①法律制度和问责制度。为了保障和落实政府经济责任，常以淡化甚至牺牲政府生态责任为代价，即"重政府经济责任，轻政府生态责任"的法律制度和问责制度。近几年出现的重大环境污染事件，如2010年紫金矿业铜酸水渗漏事故、2011年哈药总厂水污染事件、2012年广西龙江河镉污染事件、2013年昆明东川"牛奶"河事件和2014年腾格里沙漠排污事件就说明了这样一个问题，即政府本应是地方环境的"监护人"，却成了违法企业的"保护者"。原因在于，这些企业能给地方政府带来经济创收，完成GDP增长。②立法与执法。以"经济发展为中心""发展中国家首先是发展"的指导思想或理念被机械、片面地理解为，无论是在立法中，还是在执法中，都高度重视经济发展，从而忽视环境保护。甚至，作为规定、评价、追究政府环境责任的基本标准或者说唯一标准都是以是否促进经济发展来衡量的。③承担责任的方式。首先，承担责任的方式与经济相关联。例如，实行差别待遇，即不仅仅针对管理对象、审批对象，甚至还针对违法对象、处罚对象都以税收多少、GDP贡献大小来衡量；其次，针对污染破坏者的承担责任方式缺乏强制性。例如，缺乏实行行政强制措施的权力及缺乏严格限制政府环境行政主管部

---

① 帕累托最优状态，也称为帕累托效率、帕累托改善，是博弈论中的重要概念，在经济学、工程学和社会科学中有着广泛的应用。帕累托最优是一种资源配置状态，即如果既定的资源配置状态的改变使至少有一个人的状况变好，而没有使任何人的状况变坏，则认定这种资源配置状态的变化是"好"的，反之则认定是"坏"的。如果对于某种既定的资源配置状态，还存在帕累托改进，即在该状态下还存在某种改变可以使最少一个人的状况变好而不使任何人的状况变坏，就是达到了帕累托最优。帕累托最优包括条件最优和生产最优。

门对经济实体的停产、关闭的权力。

上述立法理念的偏离必然导致的后果：一是严重降低和有损政府环境管制和环境执法的权威和效力。二是环保部门缺乏强有力的处罚制裁手段。由于法律空白的存在，如法律并没有赋予环保部门足够制约违法"经济人"的职权和处罚制裁手段，从而出现一些"怪现象"①，严重影响环境法的有效性，并直接导致执法效力低及环境领域的政府失灵加剧，如实践中出现的节能减排执法不力、环保行政主管部门无权等。总之，立法理念的偏离反映了"政府生态责任让位于经济责任"的深层次问题。

温家宝在第六次全国环境保护大会上的讲话中指出，"做好新形势下的环保工作，关键是要加快实现三个转变：一是从重经济增长轻环境保护转变为保护环境与经济增长并重，把加强环境保护作为调整经济结构、转变经济增长方式的重要手段，在保护环境中求发展。二是从环境保护滞后于经济发展转变为环境保护和经济发展同步，做到不欠新账，多还旧账，改变先污染后治理、边治理边破坏的状况。三是从主要用行政办法保护环境转变为综合运用法律、经济、技术和必要的行政办法解决环境问题，自觉遵循经济规律和自然规律，提高环境保护工作水平"。环境保护作为我国的一项基本国策，政府一定要做好"三个转变"工作，改变重政府经济责任轻政府生态责任的状态，坚持经济发展与环境保护协调发展，保障人与自然的和谐发展，综合考虑经济、社会和环境的三大效益，在环境自身能力的最大限度内发展经济、稳定社会。兼顾政府经济责任和政府生态责任，充分合理地发挥政府生态责任的功能，才能全面落实政府的生态责任。

二、政府生态义务让位于政府生态权力

中国有着政府集权的历史传统，长期的强制性行政模式造就了政府"命令＋控制"型的思维习惯和行为模式（李志龙，2010）。因此，在立法上常常会表现出积极的权限赋予，而又缺少责任的规定，甚至对于其领导和管辖范围内的行政违法现象应承担的法律责任也很少规定。并且，这种模式也存在于环境法治领域，这都是由于思维习惯和行为模式具有极强的历史传承性，从而导致我国政府环境管理制度也带有传统行政管理制度的弊端。例如，《环境保护法》专门规定了法律责任，但在这11条法律责任中，只有两条是明确规定政府生态法律责任的。

政府对环境质量负责从法律角度上讲是产生政府环境法律责任和义务的依

---

① 主要是指"守法成本高，违法成本低，越守法越不利"等怪现象。例如，环保部环境影响评价司司长祝兴祥认为，环评法规定的行政处罚种类单一，主要以罚款为主，罚款数额又过低，一般罚款额在20万元以下，而企业用于加强和改进环保设施的费用远远高于罚款。

据。新修订的《环境保护法》第 6 条规定,"地方各级人民政府应当对本行政区域的环境质量负责"。这在法律上确定了对环境质量负责的法律责任主体是政府。政府对环境质量负责首先体现为政府的职责,表现如下:从宏观决策上保障环境质量目标的实现;制定和完善环境质量指标和标准体系;组织城市环境建设和改善环境整体质量;进行环境保护方面的协调;制定环境保护方面的激励政策并提供相关服务;分配公共环境资源;作出重大的环境执法决定;等等(李挚萍,2008)。向公众提供合格的环境质量是政府的长期承诺,也是一项艰巨的任务,必须以立法的形式建立起一套规范和约束政府行为的长效管理机制,使各种政策和措施法律化、制度化、规范化(杨朝飞,2007)。政府对环境质量负责还应体现在,当所辖区的环境质量无法达标或者出现环境质量严重恶化时,政府及其有关负责人应承担一定的法律责任。

我们应该看到,我国环境立法一直重视强化政府生态责任,正如马克思所说的,"没有无义务的权利,也没有无权利的义务",我们必须平衡好权利与义务的关系。然而,现实中我国的环境立法所重视的政府生态责任却是另一番风景。它们一味偏向政府生态权力或者是政府生态职权,而忽视、淡化甚至无视政府职责或政府生态义务①。这就容易导致一系列问题的出现:一是制度失调。当政府生态职责或政府生态义务往往处于被忽视、淡化、边缘化的地位时,常出现政府生态权力制度与政府生态问责制度失调,以及政府生态职权职责的法律条款与规定追究政府生态法律责任的条款失调。二是政府环境失灵。当缺乏对政府生态义务的法律规定时,政府和政府官员不明确自己具体的生态法律义务,从而松懈自己对环境保护工作的责任感和义务感,最终在引起政府环境失灵的同时,难以追究相关的政府生态责任。

无论从理论还是实践来看,不受法律控制和责任追究的政府很容易不负责任或滥用权力,没有政府问责制做后盾的政府生态责任体系是不健全的责任体系。因此,我国环境立法只有加强政府生态职责和义务立法,合理配置和设定政府生态义务,提高政府生态义务条款在政府生态责任中的比重,才能提高政府生态责任法律的有效性。

---

① 其主要表现如下:a. 重权力或者职权,即在环境立法中强调政府职权(权力)本位,突出政府生态权力立法,重政府生态管制,轻政府生态指导与服务。b. 法律无明确规定相关的职责及义务。大多数环境法律没有对照有关政府生态职权和职责的法律条款,明确规定追究政府及政府官员生态法律责任的具体措施、程序和制度。c. 相关的职责或义务原则性或概括性太强。有关发挥运用政府权力的法律制度比较健全,有关政府服务的法律制度相对欠缺;有关政府权力的法律规定比较详细具体,有关政府义务、服务的法律规定比较原则。

三、政府生态责任追究让位于企业生态责任追究

尽管我国在《宪法》和《环境保护法》中明确规定对环境质量负责的法律责任主体是政府。但是，也正因为该条规定过于广泛或者是原则化，以及现行法律缺乏建立环境质量责任追究制度，产生地方政府领导对环境违法行为和决策错误的包庇、纵容、放任现象及一些相关部门负责人对环保职责不履行、不作为甚至乱作为的现象，从而真正导致环境质量的恶化现象越来越严重。回顾我国最近十几年来每年所发生的重大生态事件，从 2002 年的贵州都匀矿渣污染事件，2003 年的三门峡水库泄出"一库污水"事件，2004 年的沱江"3·02"特大水污染事件，2005 年的松花江重大水污染事件，2006 年的河北白洋淀水污染事件，2007 年的太湖、巢湖、滇池暴发蓝藻危机事件，2008 年的云南阳宗海砷污染事件，2009 年的湖南浏阳镉污染事件，2010 年的安徽怀宁血铅污染事件，2011 年的渤海蓬莱油田溢油事故，2012 年的江苏镇江水污染事件，2013 年的贵阳母亲河污染事件，到 2014 年的兰州水污染事件，我们都会发现，在发生严重的环境污染事件后，政府和环保部门纷纷来追究企业的责任，那么谁来追究环境监管不严和政府环保不作为的责任呢？对于当地政府和环保部门严重失职、渎职而造成严重后果的重大环境事件，人们更关注的是政府的生态责任何时能够依法真正落实。

政府生态责任追究让位于企业生态责任追究体现在立法领域，就是重行政相对人企业的生态责任追究制，轻行政主体的生态责任追究制。在环境立法中具体表现如下：一是生态法律义务规定失衡，即政府的相关义务规定的比较原则，如《环境保护法》第 28～39 条规定的保护和改善环境措施中，都是原则性地规定政府应该加强防治污染，但却没有明确如何具体防治污染，而相对于企业等行政相对人的义务的规定则详细而具体。例如，《环境保护法》第 40～52 条规定的防治环境污染和其他公害中，除了第 50～52 条外，其他的 10 条都是具体明确地规定企业等行政相对人的义务。二是环境法律责任规定失衡，即法律责任追究制度中，"重追究环境行政相对人，轻追究环境行政主体"；追究生态问责制中，"重视追究企业等行政相对人，轻视追究行政主体，特别是政府负责人"。例如，《环境保护法》第 59～69 条中规定的法律责任中，只有第 67 条和 68 条规定了行政主体应承担的责任，其他的 9 条都规定了企业等行政相对人的法律责任。因此，我国环保立法中对政府和对行政相对人采取了两种不同的态度和标准，这就极容易导致民众对环保立法的公信力及公正性产生怀疑心理，同时也达不到立法者立法的真正目的，并且从根本上解决我国的环境问题的意愿将会落空。

随着环境问题的日益增多，各级政府也开始意识到仅有《环境保护法》是不能解决当前突发的环境问题的，必须从各方面加强管理和监督，同时，各级政府

也着手从地方立法层面出台一些相关的法律文件。这些文件虽然从立法层次和执行效率上都相对较低，但是它从承担法律责任方面入手，规定了行政部门及其有关人员的环境法律责任，同时，也建立了对不履行或不当履行法定职责的环境决策者、管理者及执法者的环境质量责任追究制。例如，山东省人民政府于2002年通过了《山东省环境污染行政责任追究办法》；江苏省环保厅于2002年发布了《江苏省环境管理责任追究若干规定》等地方法规①。

四、政府生态民事责任让位于政府生态行政责任

在我国，对于政府承担环境法律责任的形式都偏向"重政府生态行政责任，轻政府生态民事责任"，如针对各级政府、政府的环保行政主管部门和其他有关部门及其国家公务员，以及国家行政机关任命的其他人员所采取的承担责任的方式一般为行政处分，包括警告、记过、记大过、降级、撤职和开除。当然，在特殊情况下②，如出现严重环境污染事故时，将会有相关的官员引咎辞职。

政府作为行政机关，不履行或不当履行法定职责当然应当承担行政责任，要求政府对公众负责，就必须要求政府对环境质量负责，这是政府对公众所应该作出的承诺。因为，环境质量是一种公共服务，一种公共物品，而公众是这种物品的受益者。因此，政府承担环境法律责任的形式主要是行政责任是理所当然的。

当然，政府除了重视及承担行政法律责任外，也不应该轻视生态民事责任，即对辖区的居民承担相应的民事法律责任或者是代表本辖区对其他行政区域的人民承担特定的法律责任。理由如下：其一，公民享有良好环境权所对应的义务主体首先是政府。因此，当环境质量恶化而损害公民环境权益时，公民应当享有向国家提出赔偿或补偿请求的权利。其二，有《宪法》第26条和《环境保护法》第6条的法律规定。这就如同政府与公民在法律上形成一种"准契约"的关系，换言之，采取措施改善环境质量是政府对公民所做的承诺。因此，如果政府向公

---

① 相应的地方法规还包括以下几条：北京市环保局和监察局于2001年颁布《关于违反环境保护法规追究行政责任的暂行规定》；湖北省监察厅和环保局于2002年发布《关于违反环境保护法律法规行政处分的暂行规定》；山西省监察委员会和环保局于2002年联合颁布《违反环境保护法规行为行政处分办法》；2006年国家监察部和国家环保总局联合发布《环境保护违法违纪行为处分暂行规定》。

② 案例一：新华网北京2005年12月2日电（记者王敬中 田素雷）。中国国家环保总局局长解振华因松花江环境污染事件提出辞职，国务院2日免去了他的局长职务，并任命周生贤为局长。据中共中央办公厅、国务院办公厅2日发布的一份通报称，松花江重大水污染事件发生后，国家环保总局作为国家环境保护主管部门，对事件重视不够，对可能产生的严重后果估计不足，对这起事件造成的损失负有责任。为此，解振华向党中央、国务院申请辞去国家环保总局局长职务这一请求获得党中央、国务院批准。案例二：新华网石家庄2006年3月28日电（记者杨守勇）。"华北明珠"白洋淀死鱼事件发生后，引起社会强烈反响。由于主管领导和环保部门监管不力，稽查措施不到位，企业违法排污造成严重环境污染，河北省保定市新市区一名副区长日前受到行政警告处分，该区环保局局长引咎辞职，两名环保局副局长被免职。

民提供不合格的公共物品，并导致公民的财产损害时，公民有权利要求政府给予相应的赔偿。同时，当出现由于环境损害造成公众的损害，且找不出造成污染的直接负责人时，相关的环境质量负责主体可以在自己的能力范围之内对受害者进行一定的补偿。其三，承担连带赔偿责任。当环境污染或破坏发生或加剧是政府决策失误或不当的行政行为导致时，受害者的损失应该由政府与排污者或破坏者一起对受害者承担连带赔偿责任。当然，政府承担相应的赔偿责任之后，可以对直接导致损害的主体进行追偿。

　　总而言之，政府也应该同样重视生态民事责任。根据《环境保护法》第 6 条规定以及"环境公共委托论"①，政府对环境质量负责实际上是赋予政府环境安全保障义务，即对本辖区的环境质量负责，采取措施改善环境质量的安保义务。若政府违反了相应的规定，既没有保障好环境质量，同时又给相应的当事人造成损害时，政府应该承担相应的民事责任。当然，这种民事责任的承担是应该按照具体的情况来承担责任损失。一是当这种环境损害是政府的决策失误或者是不作为所直接导致时，政府所应承担的责任是赔偿责任，而不是补偿或者救助，换言之，此时政府所承担的是法定义务，而不是所谓的"恩赐"，应该按照相应的规定进行赔偿。二是如果这种环境损害只是由于受害者找不到相应的直接污染者或者是破坏者时，政府所应承担的只是一种补偿，而不是赔偿，换言之，此时政府可以不承担任何责任，但是由于政府体恤受害者，在仁慈的程度下给予一定的救助，也可以说是"恩赐"。因此，无论如何，环境法治的方向和重点都应该是重视生态民事责任，并且从理论与实践相结合中，真正实现政府对生态环境的保护。

第三节　政府生态责任立法效用性失灵

　　节能减排的推动仅靠单市场规则是无法实现的，"市场失灵"的出现要求政府必须承担生态责任。推动节能减排，首先要解决的是推动节能减排工作中市场领域的外部性问题，而解决外部性问题需要借助政府的力量，发挥政府在配置资源方面的作用，遏制或消除负外部性对公共利益和"旁观者"福利的影响（茅铭晨，2007）。政府可以通过一系列与推动节能减排相适应的制度安排来规避节能

---

　　① 政府作为环境公益受托人的最直接理论依据是美国密歇根大学萨克斯教授的"环境公共财产论"和"环境公共委托论"。萨克斯教授认为，环境资源是全体国民的"共享资源""公共财产"，任何人不能任意对其占有、支配和损害。为了合理支配和保护这"共有财产"，共有人委托国家来管理。并且，"环境公共委托论"实质上包含了"社会契约论"的思想，即公民把权利让渡给政府，政府以全部共同的力量来卫护和保障公民的人身和财富。

减排领域的外部性问题，弥补节能减排中市场机制的不足，从而保证节能减排工作的良好推动。但在我国现行的环境立法中，政府生态责任不完善，政府环境行为难以得到有效的遏制，结果导致节能减排领域的"政府失灵"不断加剧。

一、我国政府生态责任立法效用性的实证分析

如前所述，目前我国的节能减排立法已经形成了一个规模庞大的体系，早期节能减排立法供给不足的状况已经基本得到解决，节能减排立法体系日趋完整，主要节能减排问题的解决都已"有法可依"。但"法律的生命在于它的实施"，美国当代法学家博登海默曾指出，"如果包含在法律规定部分中的'应当是这样'的内容仍停留在纸上，而不影响人的行为，那么法律只是一种神话，而非现实"。

政府生态责任立法的效用性可以根据一定时期的政府生态责任的法律效果来分析，政府生态责任法律效果是指政府生态责任立法目的通过政府生态责任法律制度实施而实现的程度。环境状况如果改善，政府生态责任立法的目的得以实现，政府生态责任法律制度的有效性就强；反之，环境状况没有改善，政府生态责任立法的目的不曾实现，政府生态责任法律制度的有效性就差（张建伟，2008）。我国从 1990 年开始公布上一年度的《中国环境状况公报》。现将《中国环境状况公报》所公布的 1989～2013 年我国主要污染物排放情况以列表（表 3-1）方式展示出来，通过观察我国历年环境状况走势，判定政府生态责任立法的效用性。

表 3-1　1989～2013 年我国主要污染物排放情况

年份	二氧化硫排放量/万吨	工业废水排放量/亿吨	工业固体废物产生量/亿吨
1989	1 564.2	252.3	5.7
1990	1 495.1	354.1	5.8
1991	1 622.4	336.2	5.9
1992	1 685.6	366.5	6.2
1993	1 795.3	355.6	6.2
1994	1 825.1	365.3	6.2
1995	1 396.4	356.2	6.5
1996	1 397.4	205.9	6.6
1997	2 346.3	416.2	10.6
1998	2 090.1	395.4	8.2
1999	1 857.5	401.3	7.8
2000	1 995.1	415.1	8.2
2001	1 947.8	428.4	8.9
2002	1 926.6	439.5	9.5
2003	2 158.7	460.2	10.4

续表

年份	二氧化硫排放量/万吨	工业废水排放量/亿吨	工业固体废物产生量/亿吨
2004	2 254.9	482.4	12.2
2005	2 549.3	524.5	13.4
2006	2 588.8	537.1	15.2
2007	2 468.1	556.7	17.6
2008	2 321.2	572.3	19.0
2009	2 214.4	589.2	20.4
2010	2 185.1	617.3	24.1
2011	2 217.9	652.1	32.5
2012	2 117.6	684.6	32.9
2013	2 043.9	695.4	32.8

资料来源:《中国环境状况公报》(1989~2013 年)

　　从表 3-1 的数据中可以看出,我国的环境污染状况日趋严峻,全国污染物的排放总量还很大,污染程度仍处在相当高的水平。污染程度的加剧也可以从我国"十五"和"十一五"计划的实施情况得到验证。"十五"以来,我国将改善生态环境质量作为坚持以人为本、落实科学发展观、构建和谐社会的主要内容,但在"十五"计划确定的各项指标中,环保计划实施效果并不是很理想,部分控制目标未能实现,其中,二氧化硫排放总量和化学需氧量排放量两项指标不仅没有下降,反而有所反弹。"十五"计划要求二氧化硫排放量削减 10%,实际上不仅没有减少,反而大幅度上升,2005 年排放量达到 2 549.3 万吨,比 2000 年增加了27.8%,是国家"十五"控制目标的 1.41 倍。"十五"计划要求化学需氧量排放量削减 10%,2005 年实际排放 1 414 万吨,只比 2000 年减少了 2%,但比2004 年又增加了 5%,出现了明显的反弹趋势。我国"十一五"污染减排目标是化学需氧量和二氧化硫排放量分别在 2005 年的基础上减少 10%。2010 年全国化学需氧量排放量较 2005 年下降 12%,二氧化硫下降 14%,虽然二氧化硫排放量和化学需氧量排放量削减 10% 的目标得以实现,但工业废水排放量和工业固体废物产生量却呈逐年上升趋势。国家"十二五"规划纲要明确了主要污染物减排约束性指标,以及到 2015 年全国化学需氧量和二氧化硫排放量分别控制在2 347.6 万吨和 2 086.4 万吨,比 2011 年分别下降 8% 和 6%;全国氨氮和氮氧化物排放量要分别控制在 238 万吨和 2 046.2 万吨,比 2010 年下降 10%;2011 年,全国氮氧化物排放量 2 404 万吨,与 2010 年相比上升了 5.73%,排放量不降反升,没有完成年初预定的要下降 1.5% 的目标。此外,二氧化硫排放量、工业废水排放量和工业固体废物产生量均出现大幅反弹趋势,形势令人担忧。环保部于2012 年 7 月 3 日在北京召开的 2012 年上半年主要污染物总量减排核查核算视频会议上,环保部有关负责人表示,2012 上半年减排形势不容乐观,污染反弹。

可见，我国目前的环境污染和生态恶化已经到了相当严重的程度。在环境法治建设迅猛发展的同时，政府生态责任立法所要实现的效果并不能令人满意，政府生态责任立法的目的没有完全实现，政府生态责任立法的效用性失灵，政府生态责任立法在环境保护中的实际效能尚未达到人们的预期要求，出现了节能减排立法不断增多但环境形势依然严峻的局面。

二、我国政府生态责任立法效用性失灵的具体表现

从经济学的角度看，环境问题主要是一个经济问题，主要是由经济活动中的外部性引起的。所以，环境问题长期以来一直被认为是"市场失灵"造成的，外部不经济是造成环境污染和环境破坏的根源。但我国环境问题的主因不是"市场失灵"而是"政府失灵"。正如温家宝在 2006 年召开的第六次全国环境保护大会上指出的，"环境污染严重，主要是三个原因：一是对环境保护重视不够……由于重视不够，投入不足，环保欠账过多，不少地方环境治理明显滞后于经济发展，该治理的不治理，边治理边破坏……二是产业结构不合理，经济增长方式粗放……三是环境保护执法不严，监管不力…… 环境保护中有法不依、执法不严、违法不究的现象还比较普遍，对环境违法处罚力度不够，违法成本低、守法成本高"。可见，"政府环境责任意识的淡漠或缺失是导致政府失灵的根本原因"（方世南，2007）。目前，我国环境领域政府生态责任立法效用性失灵主要表现在以下三个方面。

（一）政府节能减排资金投入不足

环境问题的解决、环境质量的维护和改善必须有一定的资金投入。根据世界银行的研究，当一个国家环保资金投入占 GDP 的比例达到 1%～1.5%时，可以控制环境恶化的趋势；当环保资金投入占 GDP 的比例达到 2%～3%时，环境质量可有所改善。

从表 3-2 的数据中可以看出，"六五"、"七五"、"八五"和"九五"期间，我国的环保资金投入占 GDP 的比重一直不到 1%。2001～2009 年全社会环境污染治理投资有所增加，但仍只占同期 GDP 的 1.5%以下，只有 2010 年才达到 1.67%。所以，我国的环境公共服务设施一直缺乏。而美国 20 世纪 70 年代用于污染控制的总费用就占 GDP 的 1.5%，至 90 年代，这一比例达到 2%，此后一直在不断提高。与此同时，美国 60 年代的环境危机得以控制，环境质量不断改善。在环境保护的资金投入中，政府担当着重要角色，原因在于环境作为典型的公共物品，具有"供给的普遍性"和"消费的排他性"特点，以营利为取向的私人或企业缺乏主动进行环保投入的动力。因此，各国关于环境保护的一些基本投入主要是由政府来承担的，如建设城市污水处理厂和垃圾填埋场等环境公共服务

设施，进行生态的恢复与重建。

表 3-2　我国历年环境污染治理投入状况

时间	投资总额/亿元	占 GDP 比重/%
"六五"（1981～1985 年）期间	166.23	0.50
"七五"（1986～1990 年）期间	476.42	0.69
"八五"（1991～1995 年）期间	1 306.57	0.73
"九五"（1996～2000 年）期间	3 600.67	0.93
2001 年	1 106.60	1.15
2002 年	1 363.40	1.33
2003 年	1 627.30	1.39
2004 年	1 908.60	1.40
2005 年	2 388.00	1.31
2006 年	2 567.80	1.23
2007 年	3 387.60	1.36
2008 年	4 490.30	1.49
2009 年	4 525.10	1.33
2010 年	6 654.20	1.67

中国政府在节能减排工作中资金投入的不足，早期与政府的财力水平有关。但近年来随着经济的快速增长，政府的财政收入也在快速提高。以 2006 年为例，中国经济增长速度为 10.5%，财政收入的增长速度是经济增长速度的 2 倍。但在各项财政支出中，最多的是行政事业支出。1995 年，行政事业支出占财政总支出的比重为 11%，2006 年已达到 19%～20%。2006 年 31 个省（自治区、直辖市）的行政事业支出部分高达 5 780 多亿元，其中，公车出行支出 3 000 多亿元，吃饭 3 700 多亿元。而 2006 年中国用于节能减排的资金为 2 567.8 亿元。所以，中国政府在节能减排工作中资金投入的不足，并非简单的政府财力缺乏。

（二）政府决策不当对生态造成损害

根据《全国生态环境现状调查报告》，我国水土流失面积占国土面积的 17.19%，水土流失的治理任务十分艰巨。

政府决策不当造成的产业结构不合理与企业布局错位已成为环境的现实之

痛。自改革开放以来，中国经济取得了突飞猛进的增长，年均 GDP 都保持较高增幅，但中国经济的高增长是在高投入、高消耗、高排放、低效率的传统工业化道路上实现的。根据国家统计局发布的信息，中国经济总量占世界的份额由 2002 年的 4.4％提高到 2011 年的 10％左右，对世界经济增长的贡献率超过 20％。但 2003 年消耗的能源占世界能源消耗的 30％，其中，消耗的原油占世界的 7.4％，煤占世界的 31％，铁矿石占世界的 30％，钢材占世界的 27％，氧化铝占世界的 25％，水泥占世界的 40％；2006 年中国经济总量占世界份额的 5.5％，但消耗的能源占世界能源消耗的 15％，其中，消耗的水泥占世界的 54％；2009 年中国经济总量占世界份额的 8.6％，但消耗的能源占世界能源消耗的 19.5％，其中，消耗的原油占世界的 10.4％，煤占世界的 46.9％。

据中国科学院（简称中科院）测算，2000～2014 年由环境污染和生态破坏造成的损失已占到 GDP 总值的约 15％，这意味着一边是平均 9％左右的经济增长，一边是约 15％的损失率。按照 2000～2014 年的经济发展速度以及污染控制方式和力度，到 2020 年，全国仅火电厂排放的二氧化硫就将达 2 100 万吨以上，全部排放量将超过大气环境容量 1 倍以上，这对生态环境和民众健康来说将是一场严重灾难。

政府协调环境保护与经济发展的职责之所以落空，一个重要原因就是政府经济发展决策过程中缺乏对环境的考虑，忽视了环境的承受能力。世界环境与发展委员会 1987 年发表的报告《我们共同的未来》中，对将环境与发展分隔开来进行决策的传统体制进行了严厉批评，报告指出，"政府未能使那些政策行动损害环境的机构有责任保证其政策能防止环境遭受破坏"。

（三）政府在节能减排中监管不力

新修订的《环境保护法》第 68 条以列举的方式，规定了环保部门工作人员承担法律责任的九种违法行为，具体如下：不符合行政许可条件准予行政许可的；对环境违法行为进行包庇的；依法应当作出责令停业、关闭的决定而未作出的；对超标排放污染物、采用逃避监管的方式排放污染物、造成环境事故以及不落实生态保护措施造成生态破坏等行为，发现或者接到举报未及时查处的；违反该法规定，查封、扣押企业事业单位和其他生产经营者的设施、设备的；篡改、伪造或者指使篡改、伪造监测数据的；应当依法公开环境信息而未公开的；将征收的排污费截留、挤占或者挪作他用的；法律法规规定的其他违法行为。同时，新修订的《环境保护法》第 68 条和第 69 条对环保部门工作人员承担的法律责任也做了明确规定。按照该规定，环保部门工作人员承担的法律责任可分为三种，其一为记过、记大过或者降级处分；其二为造成严重后果的，给予撤职或者开除处分，其主要负责人应当引咎辞职；其三为违反该法规定，构成犯罪的，依法追究刑事责任。尽管新修订的《环境保护法》对环保部门工作人员的违法行为及法律责任做了较为具体的规定，但由于缺乏对环保部门工作人员不作为行为的监管措施，新《环境保护法》存在可操作性不强的致命缺陷，反映到环境法治实践中，就是政府环境监管无压力、无动力。

许多环境问题从表面上看是由企业或个人造成的，但根源在于政府监管不力，特别是有些地方政府对环境保护重视不够，对污染行为视而不见、放任自流，甚至实行地方保护，"有法不依、执法不严、违法不究"现象严重，导致出现所谓企业"守法成本高、违法成本低"的问题。现实中，建设项目严重违反环境影响评价和"三同时"等法律制度的要求，反映的就是政府环境监管不力。2007年1月10日，国家环保总局副局长潘岳向媒体通报了82个严重影响环评和"三同时"制度的钢铁、电力、冶金等项目。这82个项目是在国家环保总局建设项目环保"三同时"核查和新开工建设项目环评审批专项清查工作中发现的，其中23个严重违反"三同时"环保验收制度，59个严重影响环评制度。另外，近几年，各地因为政府及其环保职能部门由于政府环境监管不力而引发的环境事件不断增多，从震惊全国的"沱江水污染事件"和"松花江特大水污染事件"，到"紫金矿业重大污染事件"和"哈药总厂污染事件"，再到甘肃血铅超标和湖南砷超标等环境事件。长期对企业违法的默许甚至纵容，导致企业违法肆无忌惮，污染隐患日甚一日，最终导致了污染事件的发生，社会经济蒙受损失，群众利益受到侵害。重大环境事件发生的原因看似责任在企业，实则根源在当地政府，地方保护主义、"政府不作为"是污染事件发生的根本原因，有关政府和部门负责人负有重要责任。

"中国法之不行或难行的根源，差不多存在于中国法制和法治的各个基本环节。首先存在于立法环节，在立法环节的种种症状造成了法的先天不足，使法难以实行，甚至无法实行"（周旺生，2003）。在中国环境立法效用性失灵的诸多问题中，政府生态责任的不完善是最根本的问题，它不是个别环境立法的现象，而是整体环境立法的问题，严重影响了环境法的效用性。与其他部门法不同，环境法的主要实施主体是政府，在政府生态责任不完善的情况下，政府环境保护的公共职能常常出现不完整履行的情况，典型的如政府环境执法不力。"我国多数环境法律法规之所以执行不力，中央下达的节能降耗、保护环境的指标之所以执行不力，根源在于这些指标既不符合下级政府的经济利益，也不符合下级政府的政治利益，因而得不到地方政府真心实意的支持"（孙佑海，2007）。

第四节　政府生态责任立法功能定位失衡

近代政府职能的变迁主要集中在经济领域，这是政府职能的片面发展，政府的公共性要求它任何时候都不应当仅仅以其经济职能为目标，而应当把引导社会总体的进步和发展作为目标。应当指出，政府从政治统治的职能向社会管理的经济职能的转化是一个自然的过程，而从经济职能向全面的社会管理职能的转化则应当是一个自觉的过程（张康之，1999）。因此，当政府能够按照社会的预期实现其职能目标时，政府就是成功的。我国现行环境立法，在功能定位上还无法实现政府从经济职能向生态职能转化这个自觉的过程，导致政府的生态责任目标不能实现其预期。

一、政府生态责任与企业生态责任不能并重

由于环境利益属于典型的公共利益，作为公共利益的维护者，政府应当承担起保护环境的职责。但在现实中政府存在多元化的目标追求，保护环境是其目标之一，在面临经济发展时，环境保护往往被置于一旁，政府不能按照公众的预期实现其保护环境的职能，可见，政府在环境保护领域存在着政府失灵的问题。

如前所述，环境问题长期以来一直被认为是"市场失灵"造成的，外部不经济被认为是造成环境污染和环境破坏的根源，基于此种认识上的我国节能减排立法自然将功能定位于克服环境领域的"市场失灵"。这从我国现行节能减排立法的基本原则和节能减排法律制度凸显的管制色彩可以反映出来。我国现行节能减排立法明确规定或体现的节能减排立法基本原则主要如下：环境保护同经济建设、社会发展相协调原则；预防为主、防治结合原则；奖励综合利用原则；开发者养护、污染者治理原则；等等。可见，我国节能减排立法的基本原则都是作为环境管理的基本原则规定在节能减排法律之中的，因此，现行的节能减排法律制度基本上是环境管理制度的法律化，如环境影响评价制度、"三同时"制度、排污申报登记和现场检查制度、排污许可制度和排污收费制度、限期治理制度等。

我国现行节能减排立法将功能定位于克服环境领域的"市场失灵"，直接原因是我国节能减排立法起步较晚，在立法过程中较多地移植了西方工业发达国家节能减排立法的内容。而西方工业发达国家节能减排立法的内容主要是以克服节能减排领域的"市场失灵"建立起来的，所以其节能减排立法的功能就自然定位于克服"市场失灵"。中国节能减排立法在借鉴西方节能减排立法的过程中，对引发中国环境问题的主因存在认识上的偏差，这种认识上的偏差反映在我们的节能减排立法中就是对本土化考量不够，结果导致节能减排立法功能定位不准，出

现偏差。从深层次讲，我国节能减排立法功能定位出现偏差还与我国专制主义法文化传统、环境管理的理念及政府主导的节能减排立法体制有关，归结到一点，就是中国的环境保护是政府自上而下推动的，环境民主欠缺（张建伟，2008）。

现行节能减排立法功能定位不准，导致了我国节能减排立法规制的对象欠缺，造成政府生态不完善。在我国节能减排立法的初期，节能减排立法就是以行政相对人为主要规制对象，直到 20 世纪 90 年代中期，我国的节能减排立法才开始完善，并强化政府环境管理权力，但加大行政相对人的生态责任仍是节能减排立法的主要特征。以行政相对人为规制对象的节能减排立法对于解决由"市场失灵"引发的环境问题是必要的，甚至在一定条件下还有待进一步加强。但节能减排立法仅仅以行政相对人为规制对象进行管制是不完善的，因为其无法解决由"政府失灵"所引发的环境问题，尤其在我国，环境问题产生的主因不是"市场失灵"，而是"政府失灵"。因此，节能减排立法缺乏对政府生态责任的法律规制，必然导致节能减排领域"政府失灵"愈演愈烈，节能减排立法的效用性失灵，环境状况难以根本改变。

可见，在"政府失灵"作为中国环境问题主因的情况下，要克服节能减排立法效用性失灵的局面，必须完善对政府生态责任的法律规制。对此，许多学者均发表了自己的见解。例如，张梓太（1995）认为，"将政府部门在环境法律关系中的地位，由权力主体变为义务主体；把政府的环境监督管理职责由过去的权力型规范修改为义务型规范"。李启家（2001）认为，"在解决环境保护责任的个体化与社会化问题时，要加强政府的环境保护公共责任，政府的公共责任是综合性责任，首先是决策责任，不能忽略政府的公共责任"。汪劲（2003）认为"在修改《环境保护法》时应将修法的重点定位于确立各级政府的环境与资源保护责任之上……明确中央政府与地方政府的环境保护责任"。环境的公共性特征使政府在节能减排中承担着无可替代的责任，"政府失灵"如果长期不能克服，政府的环境保护职能就难以实现，"市场失灵"也会继续存在。政府在节能减排中，除了自身不得损害环境外，更主要的是积极作为去保护环境。为了克服节能减排立法效用性的失灵，在节能减排立法功能定位调整的情况下，节能减排立法应完善政府生态责任而非简单的控权，因为"以控权为核心而构筑的传统行政法仅以对行政权力的消极防范为目的，保证行政机关不以超越职权或滥用职权的方式侵犯个人权利。然而，就公共利益与社会发展的观点而言，行政机关必须做到不非法地侵犯个人权利，而且还必须有效地履行其法律义务。传统行政法的致命缺陷，就在于它无法保证行政机关积极有效地履行其法律义务"。因此，节能减排立法的功能定位，既要规制企业的生态责任，克服"市场失灵"，也要规制政府的生态责任，克服"政府失灵"。

二、中央与地方政府生态责任目标错位

在经济社会发展中，政府的职责正如萨缪尔森所指出的那样，"在一个现代的混合经济中，政府执行的经济职能主要有四种，即确立法律法规、决定宏观经济稳定政策、影响资源配置以提高经济效率、建立影响分配收入的方案"。"人类有权在一种能够过着尊严和福利的生活环境中，享有自由、平等和充足的生活条件的基本权利，并且负有保护和改善这一代和将来的世世代代的环境的庄严责任"。"各地政府和中央政府，将对在它们管辖范围内的大规模环境政策和行动，承担最大的责任"（万以诚，2000）。当然，作为环境政策的制定者，政府更应该积极采取措施应对环境管理及表现出对环境质量负责的真诚态度。因为，环境政策是否能够落实或是否有效，除环境政策本身具有科学性和可行性外，还取决于政府对此的态度及管理。

（一）中央政府在生态责任中的目标定位

在我国，管理国家事务、代表国家行使行政权的主体及代表全体公民共同利益的主体是中央政府。其主要表现如下：根据国家的根本大法《宪法》第 85 条规定，中华人民共和国国务院，即中央人民政府，是最高国家权力机关的执行机关，是最高国家行政机关，以及第 89 条中规定的国务院所行使的职权来看，中央政府的职责不仅仅是体现在政治职能上，还需考虑国家范围的经济、社会文化等诸多方面的工作，它是国家制度和政策的制定者和发出者。也正因此，在有关节能减排政策制定上，中央政府所考虑的视角为目前全国范围内及国际社会中的代际环境资源状况对节能减排规制的要求。换言之，中央政府考虑的视角往往是从国家整体利益和长远发展的高度出发，从而产生对节能减排的积极影响作用，很少呈现出"经济人"的自利性，并且在一定程度上将节能减排与经济社会的可持续发展利益相结合。一是适时调整和增加微观环境管理手段，即为了适应经济体制制度的需要，积极发挥市场经济的功能，将以行政手段为主的方式转向市场化的手段，如排污权交易制度、排污收费制度；二是在宏观环境管理上，完善环境保护的法律手段，如为了治理环境污染，制定一系列环境保护方面的法律法规。

为了促进节能减排工作的有效实施、促进循环经济和低碳经济的发展，以及提升环境保护部门的级别，我国中央政府不仅根据目前环境资源的现状和社会经济的发展，积极采取多种财政税收手段来进行大量倡导，而且在国际环境保护的舞台上就有关环境保护方面协议的签约进行积极推动与支持。

总之，中央政府在环境保护中所体现出的真诚态度及一系列管理措施，足以证明中央政府是环境保护主要的倡导者和推动者。

（二）地方各级人民政府在生态责任中的目标定位

国家根本大法《宪法》第110条第2款规定，地方各级人民政府对上一级国家行政机关负责并报告工作。全国地方各级人民政府都是国务院统一领导下的国家行政机关，都服从国务院。由此可知，地方各级人民政府都是国务院（中央政府）统一领导下的国家行政机关，或者说是中央政府利益在地方上的代表。当然，地方政府也要从自己所属地区的经济与文化利益出发，制定一系列适应本地区的经济与政治行为的决策。并且，随着经济体制改革的不断深入，地方政府也由过去被动执行中央政府的决策转向主动实施各种相关的决策，无论是中央的决策还是本地区的决策，如管辖区域社会公众福利水平、地方政府自身利益最大化及中央政府的满意程度等。特别是地方政府自身利益最大化在环境管理上表现突出。

1. 在经济发展中所选择的"生态责任"上

改革开放以来，经济在不断地繁荣发展，不管是企业还是政府，都将发展经济作为首要目标。当然，政府在人事管理上也采取了领导干部选拔和晋升都与所属地区经济绩效挂钩的措施，并且这种绩效考核在管理上非常严格。因此，一些地方官员为了提升自己的"政绩"，主动采取一系列措施来发展经济，有时他们还扮演经济参与者的角色。这样，在优越的绩效背后所忽视的是环境保护，甚至会牺牲环境来换取经济的快速发展。对那些官员来说，这也许是提升自己利益最好的选择，也是最理性的选择，因为他们的任期并不长，而环境的破坏也不是一时能够体现出来的。

由于地方政府本身具有经济决策权和资源支配权，在发展地方经济时，地方政府会选择利用手中的权力，采取各种优惠措施吸引企业投资，而这些企业往往会选择以牺牲环境为代价来换取更大的经济利益。此时，地方政府却不能解决这些企业出现的问题，有时甚至选择无视，因为如果地方政府采取相应的强制措施，就会出现企业以"资本挟持环境治理"① 的现象。并且，地方政府作为理性"经济人"，在经济发展与环境保护的博弈中，所作出的选择是从自身利益最大化，即以地方政府利益最大化为目标出发的。要实现自身利益最大化就必须发展经济，而那些环境污染企业对当地的财政税收或者当地就业情况来说都属于"大户"，因此，在处理这些企业时，政府理性的选择是纵容，甚至有时会干涉环保部门作出的决定，这样就出现"政府生态责任失灵"。这种负面的影响，也会进

---

① "资本挟持环境治理"是指，如果地方政府要追查企业的环保责任，投资者往往以撤资为筹码抗拒或要挟，地方政府由于担心企业外移会引起税源流失与财政危机，甚至其他一些相当棘手的社会问题（如治安问题、失业、社会救济等），往往对企业污染环境睁一只眼、闭一只眼，听之任之。

一步削弱环境保护部门执法效力及抑制环保工作人员的工作积极性，而企业对于环境的污染依然有增无减。另外，环境效益本身存在滞后性，导致地方政府在环境投资上的选择是少投资，甚至是不投资。面对短期利益最大化的诱惑，一些地方官员选择和企业站在一边，对环境污染采取放纵或者是无视的态度。这样，环境保护就淡化在一些污染企业的意识中。

2. 在跨区域环境污染治理的合作上

环境保护本身就是一个复杂的系统，具有整体性或者说环境保护本身具有空间的外延性，并且"环境区域的范围限定在污染的外部影响所能达到的最远边界，是一个边界相对模糊的区域"（刘厚风和张春楠，2001），因此，常常出现跨区域环境污染，这样也就需要多个区域进行合作来解决环境污染问题。但是，如上所述，地方政府是以自身利益最大化为目标的，作为"理性经济人"，它们的选择则是不合作或者是合作，但是以自身利益为首，常出现把所管辖行政区域的环境成本外部化的机会主义。这样，它们之间的合作就很难协调安排，环境污染问题依然存在。当彼此不合作时，就会出现将自身难以界定的区域间的环境污染转嫁给另一政府，然后，彼此就界定、界分的问题形成一道隔阂。跨区域环境污染的典型事件为"太湖蓝藻"①。由于太湖流域的各地方政府也是从自身利益最大化出发，一方面地方政府所考虑的是本地区的治理成本最小化，另一方面各地方政府都希望其他政府能够多承担本区域的发展成本。这样就造成彼此利益不对称，难以合作，从而使太湖的污染治理成效不高。

（三）中央政府与地方政府生态责任的博弈

中央政府与地方政府在生态责任中的博弈，主要表现在两个时间段：一是计划经济时代。在这个时代，中央政府与地方政府之间的关系为"命令-执行"②模式，即地方政府属于中央政府的下属行政机构，专门负责执行中央政府的各项政策。二是改革开放之后。为了克服计划经济时代的"命令-执行"模式的弊端，如各级地方政府缺乏积极性及主动性，中央政府决定进行分权化改革，适当将本

---

① "太湖蓝藻"：2007年5月29日上午，在高温的条件下，太湖无锡流域突然大面积蓝藻暴发，供给全市市民的饮水源也迅速被蓝藻污染。现场虽然进行了打捞，但无奈蓝藻暴发太严重而无法控制。遭到蓝藻污染的、散发浓浓腥臭味的水进入了自来水厂，然后通过管道流进了千家万户。《瞭望》新闻周刊记者多次深入太湖流域调查了解到，江浙沪三地政府多年来重视对太湖的环境治理，但目前尚未收到标本兼治的效果。太湖的水污染依然严重，其生态系统结构持续恶化。如果再不痛下决心综合治理太湖，其带给人们的将会是灾难性的生态恶果。

② "命令-执行"模式主要是指，计划经济时代，中央政府对地方政府拥有绝对政治和经济权威，地方政府只是行政等级中的一级组织，既没有独立的经济利益，也没有相应可供控制的社会资源，地方政府在权力和利益方面处于从属地位，中央政府和地方政府之间只存在领导与被领导的关系，也就是命令与执行的关系。

辖区内的政治、经济和社会事务的自主权下放到各级地方政府。但又由于地方政府除代表本辖区的利益外，还代表中央政府在地方的利益，这样利益的多重博弈就决定中央与地方之间关系转变为"谈判–讨价还价"模式。同样的，在有关环境管理方面，中央政府与地方政府存在着利益的博弈，因为各自也都以自身利益最大化出发来衡量相关的环境政策问题。其中，中央政府所着眼的利益是从全局出发，实施经济的可持续发展，而地方政府所追求的是短期利益，更看重自身的经济发展，从而导致二者在环境政策的执行上相背离。

目前，我国的环境管理体制也导致中央政府与地方政府在环境执行力上"倒挂"。我国是中央集权制国家，整体决策行为呈现"自上而下"的模式，这反映在我国的立法体制上，表现为中央立法统筹全局，负责制定环境保护方面的基本法律，国务院负责制定相应的环境行政法规，各级地方政府根据不同的立法权限相应制定地方性法规或规章。从整体看，地方政府在环境权力、决策能力、财政能力等方面的环境责任能力相对有限，而中央政府的环境责任能力则具有较强的自主性。但在环境保护的执行环节，则赋予地方政府较大的环境保护义务，较少赋予其环境自主保护权限，这就导致地方政府责任重职权小、中央政府职权大责任轻的"权责倒挂"现象，成为政府环境执行力不强的主要表现之一（张雷，2012）。

第四章

国外政府生态责任法制建设实践

第一节　美国政府生态责任立法实践

美国是较早认识政府在环境保护中应发挥主要作用的发达国家之一，1970 年，美国设立了直接向总统负责的国家环境保护局，加强了环境管理部门的行政权限，同时将预防和减少环境损害的责任强加给政府。其立法与实践的有益经验很值得我们研究和借鉴。

一、美国《国家环境政策法》中对政府生态责任的有关规定

在众多的美国环境法中，最重要的莫过于《国家环境政策法》，它是美国环境保护的"宪法"，一些学者称之为美国环境保护领域的"大宪章"或"十戒"。1970 年生效并施行的《国家环境政策法》是世界上第一部关于环境影响评价的正式立法，但该法的意义不仅仅如此。世人对这部法律的研究热情主要基于它将环境保护的主要责任限定在联邦政府及其机构。其从以下四个方面对政府生态责任进行全面规制。

（一）国会的目的宣言及国会国家环境政策宣言

美国《国家环境政策法》第 4321 条规定，"本法的目的在于：宣示国家政策，促进人类与环境之间的充分和谐；努力提倡防止或者减少对环境与自然生命

物的伤害，增进人类的健康与福利；充分了解生态系统以及自然资源对国家的重要性；设立环境质量委员会"。

美国《国家环境政策法》第 4331 条第 1 款规定，"鉴于人类活动对自然环境一切构成部分的内在联系具有深远影响，尤其在人口增长、高度集中的都市化、工业发展、资源开发及技术日益进步方面所带来的深远影响，并鉴于恢复和保持环境质量对于全人类的福利与发展所具有的重要性，国会特宣布：联邦政府将与各州、地方政府及有关公共和私人团体合作采取一切切实可行的手段和措施，包括财政和技术上的援助，发展和增进一般福利，创造和保持人类与自然得以共处与和谐中生存的各种条件，满足当代国民及其子孙后代对于社会、经济及其他方面的要求"。第 2 款规定，"为执行本法规定的政策，联邦政府有责任采取一切切实可行，并与国家政策的其他基本考虑相一致的措施，改进并协调联邦的计划、职能、方案和资源，以达到如下目的，即国家应当：①履行每一代人都作为子孙后代的环境保管人的责任；②保证为全体国民创造安全、健康、富有生命力并符合美学和文化上的优美环境；③最大限度地合理利用环境，不得使其恶化或者对健康和安全造成危害，或者引起其他不良的和不应有的后果；④保护国家历史、文化和自然等方面的重要遗产，并尽可能保持一种能为每个人提供丰富与多样选择的环境；⑤谋求人口与资源的利用达到平衡，促使国民享受高度的生活水平和广泛舒适的生活；⑥提高可更新资源的质量，使易枯竭资源达到最高程度的再循环。国会认为，每个人都可以享受健康的环境，同时每个人也有责任参与对环境的改善与保护"。

这 6 项规定是为了贯彻执行国家环境政策中的总目标的具体化体现，即第4331 条第 1 款所规定的总目标：创造和保持人类与自然得以共处与和谐中生存的各种条件，满足当代国民及其子孙后代对于社会、经济及其他方面的要求。并且，这也体现出美国政府应对环境问题的进步。

（二）有关国家环境政策的法律责任与义务

美国《国家环境政策法》第 4332 条、第 4333 条、第 4335 条等都明确规定了国家环境政策所处的法律地位，换言之，明确规定了相关的法律责任与义务。

一是美国《国家环境政策法》第 4332（1）条规定，国家的各项政策、法律及公法解释与执行均应当与该法的规定相一致。第 4332（2）条规定，所有联邦政府的机关均应当：①在进行可能对人类环境产生影响的规划和决定时，应当采用足以确保综合利用自然科学、社会科学及环境设计工艺的系统性和多学科的方法。②与依该法第二节规定而设立的环境质量委员会进行磋商，确定并开发各种方法与程序……共规定了 9 项规定，包括机构合作报告、提供资讯、建议、国际与国内的合作、国会授权并命令国家机构等。

二是美国《国家环境政策法》第 4333 条规定，"所有联邦政府机构均应当对其现有的法定职权、行政法规定及各项现行政策和程序进行一次清理，以确定其是否存在有妨害充分执行本法宗旨和规定的任何缺陷或矛盾，并应当就清理结果在不迟于 1971 年 7 月 1 日以前，向总统报告其职权和各项政策符合本法所规定的意图、宗旨和程序"。该条规定体现了所有联邦政府机构均应与国家环境政策保持一致的行政程序，包括各种清理活动。

三是美国《国家环境政策法》第 4335 条规定，该法所规定的政策与目标，性质上属于对联邦各机构现行职权的补充。该条也体现出，对行政机关现行职权的补充是国家环境政策和国家环境保护的目标。除此之外，第 4336 条规定，不得以任何方式影响联邦机构下列具体法定义务：①遵守环境质量的规范或标准；②与其他联邦或州机构相协调或进行商量；③根据其他联邦或州机构的建议或证明，采取或禁止采取行动。

根据以上规定，我们可以清楚地看出，《国家环境政策法》对于应对环境危机具有很大的作用，同样，这也是美国国会面对环境问题作出的与时俱进的战略性反应，当然，这也是对美国联邦法律体系或者说美国法典作出的巨大的完善。

（三）环境影响报告

美国《国家环境政策法》还有一大特点，即环境影响报告，它现在已经成为环境保护中一项最重要的环境影响评价制度。这也是世界上第一次作出有关环境影响的规定（陈立虎，1984）。当然，这项规定避免了《国家环境政策法》成为无人理睬的一纸空文。

美国《国家环境政策法》第 4332 条第 2 款第 3 项规定，对人类环境质量具有重大影响的各项提案或法律草案、建议报告及其他重大联邦行为，均应当由负责经办的官员提供一份包括下列事项的详细说明：①拟议行为对环境的影响；②提案行为付诸实施对环境所产生的不可避免的不良影响；③提案行为的各种替代方案；④对人类环境的区域性短期使用与维持和加强长期生命力之间的关系；⑤提案行为付诸实施时可能产生的无法恢复和无法补救的资源耗损。在制作详细说明之前，联邦负责经办的官员应当与依法享有管辖权或者具有特殊专门知识的任何联邦机关进行磋商，并取得他们对可能引起的任何环境影响所做的评价。该说明评价应当与负责制定和执行环境标准所相应的联邦、州及地方机构所做的评价和意见书的副本一并提交总统与环境质量委员会，并依照美国法典第五章第552 条的规定向公众公开。这些文件应当与提案一道依现行机构审查办法的规定审查通过。该条属于《国家环境政策法》对于环境影响评价制度的规定所做的详细规定。并且，为了更进一步地细化环境影响制度，使其具有更强的操作性，美国国家环境质量委员会制定了《国家环境政策法条例》来与之相配套。

　　环境影响评价制度之所以这么重要，主要表现在其作用上。一是具有监督和制约的作用。这主要针对政府有关的环境行政行为，因为国家环境政策和目标由于环境影响评价程序的存在，而被纳入相关的行政机关的决策过程，成为决策中的一大砝码，并且它也是其他行政机构、公众和社会团体参与政府的环境管理过程中合法、有序、有效的一大砝码。二是提供有法可依的平台的作用。相关的环境影响评价规定对法院行使司法审查提供有法可依的平台，相反，法院司法审查权的行使也为环境影响评价提供了最后的保障。

（四）环境质量委员会

　　《国家环境政策法》第 4321 条国会的目的宣言中规定设立环境质量委员会，并且第 4342 条规定总统府设立环境质量委员会。该委员会由三人组成，人选经总统提名，在征得参议院同意后任命，在总统指挥下工作。总统应当指定其中一人担任委员会主席。每个委员都应当具有相应的训练、经验和造诣，有能力分析和解释各种环境发展趋势和信息；按照该章第 4331 条（国会《国家环境政策宣言》）规定的政策对联邦政府的计划和活动进行评价；对国家的科学、经济、社会、美学与文化等方面的需要和利益具有清晰的认识和责任感，并能就促进环境质量的改善提出各项国家政策。该条详细地规定了环境质量委员会的设立、成员、主席、任命等。

　　美国《国家环境政策法》第 4344 条规定，委员会具有以下责任和职能：①在总统依照该节第 4341 条制作环境质量报告时，提供帮助和建议。②适时收集关于当前和未来环境质量的状况以及发展趋势的正确资讯，并对该资讯进行分析和解释，以确定这种状况与发展趋势是否妨碍该节第 4341 条所规定政策的贯彻执行。编辑关于此项情况与发展趋势的研究报告，并向总统提出建议。③按照该章第一节所规定的政策，对联邦政府的各项计划和活动进行审查和评价，以确定这些计划和活动有助于该政策贯彻执行的程度，并就此向总统提出建议。④研究促进环境质量的改善问题，并向总统提出各项国家政策的建议，以达到环境保护和国家社会、经济、卫生及其他方面的需要与目的。⑤对生态系统与环境质量进行调查、研究、考察、探讨与分析。⑥记录并确定自然环境的变化（包括植物系统和动物系统的变化），并积累必要的数据资料及其资讯，以便对这些变化与发展趋势进行持续的分析研究，并对其原因作出解释。⑦就环境的状态和情况每年至少向总统汇报一次。⑧根据总统的要求，提出有关政策与立法等事项的研究、报告与建议。

　　国家环境质量委员会的另一个功能——作为行政机关间的协调机构。它的协调职能主要来自两方面：一方面来自法律的授权，即《国家环境政策法》第 4332 条第 2 款第 3 项规定，对人类环境质量具有重大影响的各项提案或法律草案、建议报告及其他重大联邦行为，均应当由负责经办的官员提供一份《环境影响报告书》；另一方面来自总统的行政命令，主要包括 1970 年第 11514 号总统行政命令和 1977 年第 11991 号总统行政命令。前者授权环境质量委员会制定联邦行政机关编制《环境影响报告书》时所应遵守的准则，后者授权委员会制定实施《国家环境政策法》的条例及取代原准则。这两方面是环境委员会制定有关的环境影响评价的准则及实施条例的集中体现，从程序上看，规制了统一的程序，并降低了各种冲突的可能性。

由上述可知，设立国家环境质量委员会的目的是使行政部门的首脑——总统掌握关于国家环境状况的准确而全面的信息，从而使总统能够在进行有关资源与环境事项的决策时作出正确的决策。

"人人都应当享有健康的环境，但人人都应当为保护和提升环境质量作出自己的贡献"。《国家环境政策法》立法目的：宣示国家政策，促进人类与环境之间的充分和谐；努力提倡防止或者减少对环境与自然生命物的伤害，增进人类的健康与福利；充分了解生态系统以及自然资源对国家的重要性；设立环境质量委员会。设立环境质量委员会的目的是将环境价值的考量放入行政机关的决策之中。因此，一些原来未接触环境价值或没有考虑环境价值经验的行政机关现在必须在决策过程中衡量和充分评价环境价值。《国家环境政策法》所起到的立法作用如下：一是将环境价值的考量放入行政机关的决策之中，并将环境保护作为联邦政府的一项新的职责。二是制约和监督行政决策。它以法律的形式将保护环境规定为行政机关的法定义务和职责，并在宏观上规定了相关的国家环境政策、目标、法律地位及相关程序。三是通过《环境影响报告书》将行政机关的相关决策进行公开，并根据第 4345 条的规定，在进行相关的环境评价时，应当征求公民环境质量资讯委员会及其代表的意见，以及其征求意见时所应当遵行的职能、职责，从而使行政机关在进行决策时将环境价值充分考虑在内。

二、美国其他环境单行法中对政府生态责任的有关规定

在《国家环境政策法》的指导下，美国对有关环境的专门立法加以修订，进一步明确了政府在各个环境领域的职责。美国环境法分为两个大的支系，一个是污染控制法，另一个是资源保护法。

（1）污染控制法。在空气污染控制方面，1955 年美国就制定了《空气污染控制法》，1963 年和 1967 年又分别制定了《清洁空气法》与《空气质量法》。然而，上述立法并未能有效地控制和消除美国的空气污染，原因在于作为控制空气污染的主要行动主体——州和地方政府态度消极，而联邦政府的执行权和监督权极为有限，因而联邦政府对州和地方政府不能有效干预。为此，美国国会 1970 年通过了《清洁空气法修正案》。"该修正案大大加强了联邦政府的管理和

干预力度······它授权联邦环保局建立国家空气质量标准并要求州政府实施该标准的计划"。1977年，美国国会对经1970年修正案修订的《清洁空气法》又做了大幅度修订，进一步改进了管理体制和管理办法。在水污染控制方面，1948年美国制定了《水污染控制法》。1965年，国会通过了一项名为《水质法》的修正案，按照该法，控制水污染的职责主要由各州政府承担。1972年，国会以一项名为《清洁水法》的修正案对《水污染控制法》进行了大幅度修订。修订后的《水污染控制法》大大加强了联邦政府在控制水污染方面的权力和作用，建立了一个类似于《清洁空气法》、由联邦政府制定基本政策和排放标准并由州政府实施的管理体制。在固体废弃物污染控制方面，1976年美国制定的《固体废弃物处置法》指出，"固体废弃物数量增加和性质变化以及城市固体废弃物处理能力的不足使固体废弃物成为全国性的问题。对这个问题仅有州的控制是不够的，需要联邦政府的干预和控制"（王曦，1992）。这些污染控制法涵盖了所有被污染的对象，如空气、土壤和水，也涉及了所有环境污染源，如农药、废弃物、噪声。即便如此，美国的防止污染的法律还在不断地细化。不断细化的法律体系，不仅将日常的生产、生活中的污染归于法律的掌管之下，也将美国环境危机降到能够调整的位置进行处理。

（2）有关的资源保护法律。美国重在通过立法来保护相关的资源，并颁布了一系列的法律或者法规，如《森林、牧场与新资源规划法》《多重利用、持续产出法》《国家公园管理法规系列》《联邦土地政策和管理法》《国家野生动物庇护体系管理法》《合作林业援助法》《濒危物种法》《荒野法》《原始风景河流法》《海岸带管理法》《露天煤矿控制和复原法》等。这些有关的资源保护法律都是以循环经济为原则设立的，并且这些法规也是美国完整的资源保护法律体系中的重要部分，控制了政府对资源开发和利用活动所造成的相关的环境污染事件。

面对环境危机，美国立法、行政和司法三大部门所作出的最初反应都略有不同，但是这些不同都围绕着行政部门这个中心。一是立法部门的反应。美国通过立法的形式，由法律授权行政部门对环境管理采取各种有效的措施。二是行政部门的反应。其主要表现为行政部门依法办事，或者说行政部门按照相关的法律规定认真贯彻执行相关的环境保护的职责。三是司法部门的反应。其主要体现为司法审查权，即通过判例解释《国家环境政策法》，从而围绕行政机关的相关的环境行政行为进行司法审查。虽然《国家环境政策法》适用于"所有的联邦政府的机关"，但是，行政机关所作出的决策之好坏，直接影响立法、司法的实际实施效果。并且，行政机关在进行有关的环境影响评价时，还需要公众和来自其他政府机关的意见，以供决策者参考。

第二节　日本政府生态责任立法实践

日本是一个环境立法比较健全的国家，尤其是进入 20 世纪 70 年代以来，其立法的重心开始发生变化，注重强化政府在生态保护中的法律责任。

一、"公害对策阶段"的政府生态责任立法

为了克服公害危机，保护自然环境，日本制定了一系列相关的立法，如1967 年制定的《公害对策基本法》、1972 年制定的《自然环境保全法》及1993 年制定的《环境基本法》。同时，为了防止大气污染、水污染，日本1959 年制定了《工场排水法》，1962 年制定了《烟煤控制法》，但是由于第二次世界大战之后，日本以发展军需工业为目标，重点发展重工业和化学工业，并以生产力扩充和粮食增产为总方针路线，片面追求经济发展，有关国家公害的立法并没有真正的贯彻落实，在日本经济不断腾飞猛增时，环境公害也在不断扩大。这种境况持续到 20 世纪 40 年代末 50 年代初，直到日本代熊本水俣病、四日市哮喘病、新潟水俣病和富山骨痛病四大公害赔偿案件发生，公害问题才引起日本朝野的高度重视，在广大公害受害者的诉讼压力下，日本政府于 1965 年成立了公害审议会，开始着手解决公害问题。1967 年《公害对策基本法》获得通过，1970 年，日本第 64 届临时国会一次就通过了新制定和修改的 14 部法律，即《公害对策基本法》、《公害防治事业费企业负担法》、《海洋污染防治法》、《水质污染防治法》、《关于防治农用土地土壤污染的法律》、《关于废弃物处理及清扫的法律》、《关于处罚人体健康的公害犯罪的法律》、《大气污染防治法》、《噪声控制法》、《下水道法》、《农药管理法》、《自然公园法》、《毒品及剧毒物品管理法》和《道路交通法》。1973 年后还制定了《环境厅设置法》、《公害等调整委员会设置法》、《关于特定工场整备防止公害组织的法律》、《自然环境保全法》、《公害健康损害补偿法》及《恶臭防治法》。其中，最有影响的是《公害对策基本法》和《自然环境保全法》，这两部法律分别对政府在公害防治方面和自然保护方面的生态责任作出了规定。

（一）《公害对策基本法》规定的政府生态责任

1967 年 8 月制定的《公害对策基本法》确立了政府公害对策的基本原则，是日本的第一个环境基本法。它主要包括四章：第一章总则（第 1~8 条）规定了立法目的、公害定义、生活环境的定义、国家及地方事务、放射物防治污染等；第二章公害防治的有关基本政策（第 9~21 条）规定了环境基准，提出了公

害防治的基本策略和措施、科学技术的振兴、知识的普及等；第三章费用负担财政措施等（第 22～24 条）规定了公害防治的费用负担和财政措施等；第四章公害对策会议及公害对策议会（第 25～29 条）规定了相关的公害对策会议的组成、设置及公害对策议会的组成人员等。

日本《公害对策基本法》第 1 条规定了立法目的，包括两款，即明确企业、国家和地方公共团体对公害防治的职责，确定公害防治的基本措施，以全面推行公害防治的基本对策，达到保护公民健康和维护生活环境的目的。并且，该法第 2 条明确规定了"公害"①及"生活环境"②的定义。总之，《公害对策基本法》的第一章也就是总则部分，从宏观管理上体现出日本为公害防治采取的保护环境的相关对策。

日本《公害对策基本法》第二章规定了公害防治的有关基本对策，第 9 条提出了基本的环境基准，第 11～17 条提出了国家为公害防治所采取的应对策略，第 18 条规定了地方公共团体公害防治的行政目标和职责，第 19～20 条规定了相关的特定地域的公害防治，第 21 条规定了因公害引起的纷争处理措施及相关的被害救济措施。其中，公害防治的对策主要表现在污染物排放控制、推进公害防治设施的应用、环境标准管理、实行公害防治计划、土地利用控制、建立公害纠纷处理和被害救济的制度等。此外，《公害对策基本法》还在第三章费用负担财政措施（第 22～24 条）中专门规定了公害防治的费用负担和财政措施。具体措施三种：一是由企事业单位负担。《公害对策基本法》第 22 条的第 2 款明确规定，因事业活动造成公害的企业，对国家或地方公害防治而进行的工程，负担全部或部分的必需的费用。二是由政府采取财政措施。《公害对策基本法》第 23 条规定，政府采取必要的财政及其他措施，帮助地方解决费用问题。三是由政府为企业提供资助。《公害对策基本法》第 24 条规定，政府在必要的时候，以金融和税收措施来整备企业公害防治设施。

随着经济的不断飞速发展，虽然《公害对策基本法》对于公害防治起到了一定的作用，但是，随着公害范围的不断扩大，《公害对策基本法》也突显出了自身的缺点。其后，从 1970 年到 1983 年该法经过了五次修订，修订时间分别为 1970 年、1971 年、1973 年、1974 年和 1983 年。主要改变的内容如下：第 1 条立法目的中删除了"与经济协调"的条款；第 2 条公害的定义中增加了"增加土壤污染等"；第二章中也明确了促进废弃物处理对策为公害对策，并授予都道府县知事设立环境标准的权限等。

---

①　公害定义为"由工业或人类其他活动所造成的相当范围的大气污染、水质污染、土壤污染、噪声、振动、地面沉降及恶臭，以致危害人体健康或者生活环境的现象"。
②　生活环境包括与人类生活有密切关系的财产、动植物及这些动植物的生存环境。

（二）《自然环境保全法》规定的政府生态责任

当时，在日本，与《公害对策基本法》平行的环境基本法为 1972 年的《自然环境保全法》。制定《自然环境保全法》的主要原因如下：面对环境污染问题、环境公害危机问题，日本深刻地意识到除了积极采取措施进行环境保护之外，还需要进行公害防治，并且这种公害防治还不能落后于环境自然保护，应当同时立法、同时采取措施。该法第 1 条规定了立法目的，即通过确立自然环境保全的基本设想及其他关于自然环境保全的基本事项，与《自然公园法》（1957 年第 161 号法）和其他旨在保全自然环境的法律一起，对自然环境的适当保全规定其他重要事宜。

《自然环境保全法》明确了政府在自然保护领域的职责，即制定自然环境保全基本方针。内阁总理大臣应提出自然环境保全基本方针，并应就其决定征询内阁的意见；内阁总理大臣在起草关于自然环境保全基本方针的建议时应征询自然环境保全审议会的意见；在内阁据前款规定作出决定后，立即根据《自然环境保全法》第 12 条第 5 款的规定，在内阁据第 3 款的规定作出它的决定后，立即发布关于自然环境保全基本方针的公告。并且，《自然环境保全法》第 12 条提出自然环境保全的基本方针，主要包括原生自然环境地域及自然环境保全地域的指定及其保全措施、自然保全的基本构想及都道府县自然环境地域及自然环境保全地域的指定标准等。从第 12 条第 3~5 款可以看出，自然环境保全的基本方针首先应该由内阁总理大臣提出，并应就其决定征询内阁的意见。但是当内阁总理大臣在起草关于自然环境保全的基本方针的建议时，应事先征询自然环境保全审议会的意见。此外，《自然环境保全法》自然环境保全基础调查制度又被称为"绿色国势调查"①，其依据为第 29 条第 1 款②的规定。

相对于《公害对策基本法》而言，1972 年的《自然环境保全法》更加明确具体地细化了自然环境保护的相关措施及对策，更能体现出可持续环境保护的精神。当然，它本身也存在一定的缺陷，如法案所调整的范围并非全局，而只是针对局部环境的保护。

面对环境问题，日本不仅仅是国会、中央政府及地方政府对此非常重视，而

---

① "绿色国势调查"：国家每 5 年要对地形、地质、植物及野生动物进行一次必要的基础调查，以研究和制定自然保全的方针政策。

② 第 29 条（报告、检查等）第 1 款　环境厅长官可令持第 25 条第 4 款、第 26 条第 3 款第 6 项或第 27 条第 3 款所述许可证者或据前条第 2 款规定被限制进行某活动或被令采取必要措施者呈交关于这些许可证、限制、命令的实施情况及关于在为保全自然环境保全区的自然环境所必要的限度内的其他事宜的报告，或可令其所属官员进入位于该自然环境保全内的土地、建筑物，对第 25 条第 4 款诸项、第 26 条第 3 款、第 27 条第 3 款、第 28 条第 1 款所述的诸活动的实际情况进行检查及对此类活动给自然环境所造成的影响进行调查。

且企业和居民也对环境问题作出各种努力。在日本，对有关环境问题进行调查研究，对国家行政管理机关和官员提出质询，准备和审议有关环境保护的法案都是由专门的管理环境问题的常设委员会进行处理与解决。《公害对策基本法》第二章第二节第 10 条和第 11 条规定，政府每年必须就公害状况、政府已采取和准备采取的措施，向国会作出报告。此外，对于环境问题，日本是由专门从事环境的机构（包括中央与地方）进行管理，如中央设置的环境厅①。它的职责主要如下：一是直接的环境管理。这种管理主要是在自己的职责范围内的管理。二是协调工作。其主要是对自己职责范围之外的各省、厅中相关的环境保护进行协调，如协调平衡各省、厅用于环境保护的预算。三是要求提出报告的权力。这主要是环境厅长的职权，换句话说，在必要时，环境厅长有权要求各省、厅长对自己所管辖范围内的环境问题提出报告。当情况特殊或者是特别严重时，环境厅长可以向内阁提出报告。

二、"可持续发展阶段"的政府生态责任立法

不可否认，作为克服公害危机、保护自然环境、维持经济与环境的双向发展的两大基本法《公害对策基本法》和《自然环境保全法》，对日本的可持续发展的政府生态责任起到很大的作用。但是，随着时间的推移、经济的不断发展，各行各业都在不断地发展与强大，各种需求也在不断扩大，面对丰厚的经济利益，环境问题也随之扩大。而此时（20 世纪 80 年代末）国际上却将环境保护视为一项非常重要的职责，这样，日本也不得不改善自身的环境问题。因为日本参与国际环境合作的行动，于 1993 年 5 月签署了《气候变化框架公约》和《生物多样性公约》，因此，急需从国内基本法做起。20 世纪 90 年代，日本提出了"环境立国"口号，并集中制定了一系列法律法规。日本于 1993 年 11 月制定了《环境基本法》，1995 年制定了《容器和包装材料循环利用法》，1998 年制定了《家用电器循环利用法》，1999 年制定了《环境影响评价法》，2000 年制定了《推进形成循环型社会基本法》《建筑资材循环利用法》《食品循环利用法》《绿色采购法》，2001 年制定了《多氯联苯废弃物妥善处理特别措施法》，2002 年制定了《汽车循环利用法》。这些法律法规保证日本成为资源循环利用率最高的国家。其中影响最大的是《环境基本法》和《推进形成循环型社会基本法》两部法律。在"可持续发展"理念的指导下，日本也真正摆脱了"公害先进国"困境，步入了"公害防治先进国"（罗丽，2008）。

---

① 在中央主要是环境厅，下设计划调整局、自然保护局、大气保护局、水质保护局等机构。环境厅内还设有由专家组成的中央公害对策审议会和自然环境保护审议会，作为它的咨询机构。

（一）《环境基本法》规定的政府生态责任

对于《环境基本法》，"该法倡导环境对策应在降低环境污染（所谓对环境的负荷），构筑可持续发展的社会，从而将良好的环境留给后代继承（第3条）的同时，把推进国际合作、保全地球环境作为目标"。根据这一新的环境理念，"国家拥有制定和实施有关环境保护的基本的且综合性的政策和措施的职责"。"地方公共团体拥有制定和实施符合国家有关环境保护政策的地方政策和措施的权力"。进而，"为了实施有关环境保护的政策，政府应当采取必要的法制上的和财政上的措施及其他措施"。"政府应当每年向国会提交一份有关环境保护政策和措施的报告。政府每年应当在考虑前款报告中有关环境状况的基础上，作出明确将要采取的政策和措施的文件，并将其提交国会"。

由此，可以将《环境基本法》中政府的生态责任的内容归纳为以下三个方面。

（1）政府承担生态责任的目标。《环境基本法》将政府生态保护的目标界定如下：一是根据第3条的规定，鉴于人类活动会对环境造成负荷，在现在以及将来的世代人类享有健全、丰惠的环境恩惠的同时，必须对作为人类存续基础的环境实行适当的维护直到将来。二是根据第4条的规定，实现将因社会经济活动以及其他活动造成对环境的负荷降到最低限度，其他有关环境保全的行动由每个人在公平的分配负担下自主且积极地实行，既维持健全、丰惠的环境，又减少对环境的负荷。三是根据第5条的规定，鉴于经济社会在国际密切的相互依存关系中运作，必须有效地利用本国的能力并顺应本国在国际社会中所处的地位，在国际协作下积极地推进地球环境保全。

（2）政府在制订环境保护的基本计划和环境影响评价时的职责。根据《环境基本法》第15条第1款的规定，环境基本计划是为综合且有计划地推进环境保全对策，而必须由政府制订的关于环境保全的基本计划。根据第15条第2款的规定，环境基本计划中必须包括关于环境保全的综合且长期的对策大纲及为综合且有计划地推进环境保全对策的必要事项，如国家为实现这种状态采取的政策措施（环境行动方案）和国家预期的环境应有状态（环境质量目标）等。根据第15条第3款和第4款的规定，环境基本计划是由内阁总理大臣听取中央环境审议会的意见，制定其基本草案，请求内阁会议决定，并由内阁总理大臣公布的。根据《环境基本法》第19条的规定，当国家制定以及实施被认为是涉及环境影响的对策时，必须在环境保全方面予以关照，从而可以看出日本政府高度重视环境影响评价制度。

（3）政府在制定和实施环保政策时的职责。《环境基本法》第23条、第24条和第26条等均明确规定了为实现环境保护的目的，国家应推进环境保护设施建设，促进降低环境负荷的制造、加工、销售事业活动，发动民间团体展开绿化活动以及能源再生的回收活动等，使可持续发展理念渗透到消费领域，有利于真正实现环境保护的目的。

日本在有关环境保护方面的选择是走可持续发展的道路，而《环境基本法》是其依据之一。根据第 1 条规定的相关目标，第 3～5 条规定的基本点、基本策略及基本任务可知，《环境基本法》是以对全球环境所负的责任为基本点（依据是第 5 条），以将社会的经济结构和流通方式转换为对环境负荷小的发展模式为基本策略（依据是第 3 条），以实现确保资源和环境能够维持现在、将来公民的健康和高品质的生活为基本任务（依据是第 4 条）的。

（二）《推进形成循环型社会基本法》规定的政府生态责任

该法确立了建设循环型经济社会的根本原则是"促进物质的循环，以减轻环境负荷，从而谋求实现经济的健全发展，构筑可持续发展的社会"，并规定了政府、企业和国民在处理循环资源方面所承担的责任。

《推进形成循环型社会基本法》将政府的生态责任界定如下：①建立循环型社会目标的责任。日本在选择实施可持续发展的同时，也将建立循环型社会提到了立法的高度。根据《推进形成循环型社会基本法》第 1 条的规定，立法的目的是遵照环境法的基本理念，确定建立循环型社会的基本原则，并根据技术和经济的可行性，鼓励采取主动而积极的行动，减少环境负荷，促进经济健康发展，逐步实现社会的可持续发展。②国家、地方政府、企业和公众合理分担责任。与企业和公众所承担的具体法律义务不同，国家和地方政府承担的是一种制定政策措施的责任，而非具体的法律责任。具体有关企事业所承担的责任，在《推进形成循环型社会基本法》第 11 条进行了规定，主要是指循环合理使用自然资源，以及污染者负担责任、综合治理等，并且还需与其他相关的环境保护专项法相协调。而公众或者是国民的责任则是根据第 12 条国民的责任来规定的，主要是指循环利用各种废弃物。③循环型社会形成推进基本计划。日本将推进循环型社会的基本计划以法律的形式进行规定，其依据为该法第二章，涉及第 15 条和第 16 条规定，包括推进循环型社会的基本原则、采取的相应的政策措施及其相应的完成步骤。

依据《推进形成循环型社会基本法》，日本大力强化和明晰政府部门推进循环型社会的相关的职责和职能。随着循环型社会的不断推进，日本政府也在不断地进行机构改革①。以环境省为例，环境省主要负责多个部门的废弃物管理，并

---

① 机构改革主要是指 2001 年日本政府将 20 多个部门合并为 6 个部门，并将环境厅升格为环境省，将原由多个部门负责的废弃物管理职责统一划归环境省（生活垃圾的管理和处置也在其中），由废弃物再生利用对策部负责管理。

且还将废弃物的循环利用、资源生产率及相关的最终处理列入环境基本计划之列，并不断地确定最终的循环型社会考核指标，从而确定了到 2010 年各考核指标的目标值。

第三节　德国政府生态责任立法实践

随着工业化的不断发展，德国环境问题也随之严重，在这一时期，德国政府才将环境法作为政府环境管制规定，但大多数法律规定是体现在有关工厂建立的规范之中的，如防止工厂的工业设施排放废气与产生噪声等。但是，直到第二次世界大战之后，有关环境保护的法律也很少存在，如 1957 年的《水资源法》和1959 年的《核能法》。并且，更没有人了解有关环境保护的相关法律之间存在一定的共同性，而真正的环境保护和环境法的概念的正式出现，是在 20 世纪 60 年代。此后，通过对旧有规定重新修正、扩大其范围或增设相关新法，德国①环境法逐渐发展起来，并且改变了过去均将相关环境问题交由各邦规定的做法，加强了联邦政府的生态责任。

一、从混沌无序到末端治理阶段的政府生态责任

第二次世界大战后，德国经济迅猛发展。与此同时，德国的生产与生活垃圾也急剧增多。20 世纪 70 年代，德国大约有 5 万个垃圾堆放场，这些垃圾的处理方式主要是堆放或焚烧，基本处于无人管理的混沌状态。为使垃圾处置规范化，改善环境质量，德国政府启动了一系列环保方案。1971 年德国发布了第一个较为全面的环保条例《环境规划方案》，1972 年，德国公布了重新修订的《德国基本法》，赋予政府更多的环境政策权力。1972 年，德国在推出了“蓝色天使”计划后制定了《废弃物管理法》，要求关闭垃圾堆放场，建立垃圾中心处理站。《废弃物处理法》确立了废弃物排放的“末端治理”原则，但该法只是强调废弃物排放后的末端处理，对如何控制排放的问题未做明确规定。这一时期德国还先后颁布实施了《联邦控制大气排放法》、《联邦污染控制法》、《联邦自然保育法》和《联邦森林法》等，涉及空气污染防治、噪声管制、水资源保护与污染防治、自然保育及废弃物处理等环境领域。在政府生态责任方面，《联邦污染控制法》规定，“本法律的目的是保护人类、动物、植物、土地、水、大气、农作物和其他物体免受有害环境的影响”。为此，“联邦政府听取参与各方的意见后，通过联邦参议院同意的法律条款对需要审批的设备作出规定。在法律条款中还规定：如果

---

① 第二次世界大战后至 1990 年，所指德国均特指联邦德国。

设备或主要配件是按建筑法批准的，而且它们的建立和运营与建筑法批准的情况一致，则不得审批"。这一阶段的立法彼此之间具有相互的共性，即大多数是以预防污染产生为立法目的。基本的管制对象是设施、污染物质、土地资源，基本的管制原则是预防为主、污染者自负责任及相互合作。但是，这些立法本身也存在问题，如个别环境法之间欠缺联系、个别环境法之间管制目标不完全一致或相容、各个管制领域彼此重叠等。

二、从末端治理到全程管理阶段的政府生态责任

进入 20 世纪 80 年代，针对垃圾越来越多的现实，德国政府意识到简单的"末端治理"并不能从根本上解决问题，发展方向从"如何处理废弃物"转移到了"怎样避免废弃物的产生"。1986 年其将《废弃物管理法》修订为《废物限制及废物处理法》，对产品生产者的责任进行了规定，该法对废物不再是简单的末端处理，而是试图减量和再利用。在这一情况下，1991 年，德国首次按照资源—产品—资源的低碳经济理念，制定了《包装条例》。该条例规定了生产商和零售商应尽量避免包装废弃物的产生，对于商品的包装物的管理处置应尽可能回收再生循环利用的义务，以降低填埋和焚烧包装废弃物的比率，避免环境污染。2000 年、2001 年德国政府对该法进行了修订。同时，为了规定汽车制造商有义务回收废旧车，德国在 1992 年通过了《限制废车条例》。另外，为了保证政府相关的环保信息的及时公开及保证民众能够及时了解国家的相关环境保护状况，德国在 1984 年专门建立了一个覆盖联邦各州的环境报告体制，其要求如下：一是政府的环保部门必须出版一部国家环保信息报告，时间为 1 年；二是各州、各地方政府也必须定期发布有关其自身状况的环保信息报告。而对于德国企业和社会的环保工作具有重要意义的是具有专门的独立监管机构——环境、自然资源保护和核安全部，其于 1986 年正式成立（张炜，2008）。环境经济因素的主要作用在于对政府的环境保护投资起指导作用，1989 年该因素由德国统计局纳入其中，之后，其他政府部门也相继将其纳入其中。相比其他阶段的立法而言，这一阶段的环境立法体现出新的姿态，即相关的环境立法都是从环境整体出发，并对其共同性进行立法，考虑了各个阶段的不同特点及相互的联系，如 1990 年颁布的《环境责任法》、1990 年制定的《环境影响评价法》及 1994 年的《环境信息法》等。在政府生态责任的法律规制方面，《环境信息法》规定，"制定本法之目的是确保自由获取并传播由主管部门掌握的环境信息，规定获取环境信息的先决条件"。所以，"人人都有权从主管部门或其他法人获取环境信息。主管部门可以根据申请发布信息，允许保护环境的档案被查阅，开通多种信息渠道。获得信息的其他要求不受影响"。并且，"联邦政府每四年在联邦地区发布一次国家环境报告"。同时，德国也开始酝酿对环境法的整合工作，以弥补数量不断增多的环境

法之间不协调、重叠和冲突的情况。

三、从物质闭路循环到资源再利用阶段的政府生态责任

进入 20 世纪 90 年代后期，德国低碳经济大规模发展并不断完善。1994 年德国修改《德国基本法》，将环境保护作为国家任务规定在基本法中，如第 20A 条规定，"国家应本着对后代负责的精神，保护自然的生存基础条件"。1994 年德国开始制定把废弃物处理提高到发展低碳经济的思想高度的立法。1996 年生效的《循环经济与废弃物管理法》[①]，建立了相关的配套的法律体系，其依据为该法配有三个附件，即附件Ⅰ废物分类，附件ⅡA 废物处理、附件ⅡB 废物回收再利用，附件Ⅲ技术发展水平判别标准。该法也是德国代表性法律，为发展循环低碳经济创造了有利的条件及环境。并且，该法的目的是系统运用"3R 原则"[②]解决废物管理问题。具体体现在其内容上：一是立法目的，即促进低碳经济、保护自然资源和确保废物按有利于环境的方式处置。其依据为第一章一般规定。二是第二章规定废物制造者、拥有者和处置者的原则与义务，主要体现在"3R 原则"之中。三是第三章规定的产品责任，即谁开发、生产和经营产品，谁就要承担相应的符合循环经济的责任；四是第四章规定的计划责任。其中包括两节内容，即管制与计划、废物处置设备核准。其主体主要是政府及行政主管部门。五是促销、提供充分信息的义务，其依据主要是第五章和第六章。六是监管。第六章规定了相关的主管部门对处置废弃物的监测职能和监管义务。七是第七章规定了公司组织与废物管理者的相关义务及职责。德国为完善循环低碳经济及相关的废弃物再循环的发展，还制定了一系列的法律法规[③]，从而在促进德国循环经济不断发展的同时，也促使整个社会有序形成一个相互联系的低碳经济系统。

四、再生能源方向发展阶段的政府生态责任

这一时期，德国有关的低碳经济发展已经转移了方向，重点转向再生能源的

---

① 《循环经济与废弃物管理法》是世界上第一部在国家法律中出现循环经济概念的法律。它把废弃物处理提高到发展低碳经济的思想高度，把物质闭路循环的思想从包装问题推广到所有的生产部门，目的是彻底改造垃圾处理体系，建立产品责任延伸制度。

② "3R 原则"是指避免废物的产生、污染者承担治理义务及官民合作三原则。其具体是指减量化、再利用和再循环，把资源闭路循环的循环经济思想从商品包装扩展到社会相关领域，规定对废物管理的手段首先是尽量避免产生，同时要求对已经产生的废物进行循环使用和最终资源化的处置，严格规定了社会经济活动中各行为主体——生产者、销售者、使用者的责任，同时将废弃物的循环利用逐步从生产环节的回收利用扩展到社会消费的销售、使用环节。

③ 一系列的法律法规包括《包装法令》、《垃圾法》、《联邦水土保持与旧废弃物法令》、《饮料包装押金规定》、《废旧汽车处理规定》、《废旧电池处理规定》和《废木料处理办法》等相关规定。

开发，其典型的例子为 2004 年 8 月修订的《可再生能源法》。该法第 1 条规定了立法的目的：① 为了实现能源供应的可持续发展，在同时兼顾长期外部效应的前提下减少能源供应的国民经济成本，保护自然和环境，为避免围绕化石能源可能发生的冲突作出贡献，进一步推动可再生能源发电技术的利用和开发，特以保护气候、自然和环境为宗旨，制定该法。② 此外，制定该法旨在促进提高可再生能源在电力供应中所占的比重，至 2010 年至少提高到 12.5%，至 2020 年至少提高到 20%。并且，该法第 3 条第 1 款规定，可再生能源是指水能（包括波浪能、潮汐能、盐度差能和海流能）、风能、日辐射能、地热能、生物质能（包括沼气、垃圾填埋场气体和污水净化气体及生活垃圾和工业废料中可生物降解部分产生的能量）。《可再生能源法》为投资太阳能、风能、地热能提供了可靠的法律保障。此后，德国也相继制定出台了"一系列的相关的法律法规"①。并且，德国的低碳经济发展也受到 1993 年前欧洲经济共同体和现欧盟有关循环利用的指令影响，在实施温室气体减排目标中，德国取得了相当不错的成绩。这时德国可再生能源在初次能源消费中的比重从 1998 年的 2.1% 增长到 2008 年的 7%，温室气体排放量为 9.45 亿吨，较 1990 年减少 22.2%，且在 2008～2012 年承诺期的首年就超额完成了整个承诺期减排 21% 的任务。2008 年德国对 2004 年《可再生能源法》进行了修改，基本形成了一系列的节能和能效法律体系及可再生能源法律体系的法律制度体系。

第四节   俄罗斯政府生态责任立法实践

俄罗斯是较早在环境立法中规定政府生态责任的国家之一，其环境立法中对公民环境权的规定、政府实行各级权力机关的集中生态管理的规定，以及政府的生态层级鉴定体制，都有助于政府履行生态责任。

一、《俄罗斯联邦宪法》对政府生态责任的有关规定

宪法是国家的根本大法，而保护环境和维护生态平衡是国家的一项基本职责，因此，在宪法中体现保护环境是非常必要的。当然，《俄罗斯联邦宪法》在这方面也是将生态权利赋予公民，将保护环境规定为宪法义务。一是作为促进生态法立法

---

① "一系列的相关的法律法规"如 2000 年制定的《森林经济年合法伐木限制命令》、2001 年制定的《社区垃圾合乎环保处置及垃圾处理场令》、2002 年制定的《持续推动生态税改革法》和《森林繁殖材料法》、2004 年制定的《国家可持续发展战略报告》、2005 年制定的《电器设备法案》、2008 年修订的《可再生能源法》等。

发展的一般性规定，表现在《俄罗斯联邦宪法》第 1、2、7、10、18 条①；二是直接体现环境保护的规定，表现在《俄罗斯联邦宪法》第 9 条②和第 42 条。作为俄罗斯公民人权的重要组成部分的生态安全权利在宪法中占据一定的重要地位。

俄罗斯公民享有环境权利由《俄罗斯联邦宪法》第 42 条首次给予明确确认，具有极其重要的政治和法律意义，具体规定如下：每个人都有享受良好的环境、被通报关于环境状况的信息的权利，都有因破坏生态损害其健康或财产而要求赔偿的权利。该条款包括了两方面的内容：其一是规定了每个公民都有享受良好的环境权和享有获悉环境状况的信息的权利；其二是规定了赔偿的权利。每个人都有因破坏生态损害其健康或财产而要求赔偿的权利。它们规定着法律的意图、内容和适用、立法权和执行权、地方自治的活动并受到司法保证。当然，《俄罗斯联邦宪法》不仅仅规定了保护环境是公民的权利与义务，也规定了国家应当保证公民的权利与自由，这也是一项国家义务。

《俄罗斯联邦宪法》将保护环境提升到宪法层面，也体现出保护环境的重要性。同时，这种做法还有助于公民在实际生活中予以遵守，更好地保护环境和资源。因为它明确规定公民有享受良好环境的权利，有获悉有关环境的信息的权利（或者可称环保知情权）及获得赔偿的权利。当然，当因自己的行为违反生态法而致他人健康或财产遭受损害时，就将承担赔偿的义务。

二、《俄罗斯联邦环境保护法》对政府生态责任的有关规定

对于有关政府生态责任的规定，除了《俄罗斯联邦宪法》之外，具有重要地位的一部法律即《俄罗斯联邦环境保护法》。它是 2002 年 1 月 10 日颁布施行的。首先，它是以宪法规定的享有保护环境的权利为基础的，其在序言中明确规定：根据《俄罗斯联邦宪法》，每个人都有享受良好环境的权利，每个人都必须爱护自然和环境，珍惜自然财富。自然财富是生活在俄罗斯联邦国土上的各族人民持续发展、生存和活动的基础。其次，它明确在序言中规定了该法的目的、任务及其宗旨，体现在《俄罗斯联邦环境保护法》第二部分，即该联邦法确立环境保护领域国家政策的法律基础，以保证平衡地解决各项社会经济任务，保持良好的环境、生物多样性和自然资源，其目的是满足当代人和未来世世代代人的需要，加

---

① 《俄罗斯联邦宪法》第 1、2、7、10、18 条具体规定如下：俄罗斯是民主的法治的国家（第 1 条）；人的权利和自由具有最高价值（第 2 条）；俄罗斯是社会国家（宪法第 7 条）；国家政权建立在立法、行政和司法三权分立基础上（第 10 条），人和公民的权利与自由直接有效（第 18 条）。上述规定确立了立法和执法机关、地方自治权及司法保障的思想、内容及其法律适用的问题。

② 《俄罗斯联邦宪法》第 9 条具体是指，"1. 在俄罗斯联邦，土地和其他自然资源作为在相应区域内居住的人民生活与活动的基础得到利用和保护。2. 土地和其他资源可以属于私有财产、国有财产、地方所有财产和其他所有制的形式"。

强环境保护领域的法律秩序和保障生态安全。最后，在序言部分，该法还提出了其调整对象，并肯定了自然环境是环境极重要的组成部分，是地球上生命的基础，即该联邦法调整在俄罗斯联邦领土范围内，以及在俄罗斯联邦大陆架和专属经济区进行经济活动和其他影响自然环境活动的过程中产生的社会与自然相互作用领域的关系。自然环境是环境极重要的组成部分，是地球上生命的基础。总之，《俄罗斯联邦环境保护法》是对保护环境、政府生态责任规定最为完善、最为全面的一部法律。

对于环境保护基本原则，《俄罗斯联邦环境保护法》主要是体现在第 3 条，该条款规定了 22 项[①]有关环境保护的基本原则，并且明确规定，俄罗斯联邦国家权力机关、俄罗斯联邦各主体国家权力机关、地方自治机关、法人和自然人等对环境产生影响的经济活动和其他活动，应当根据这些原则进行。其中，该法也明确规定了对政府环境责任提出的各项要求，直接体现的主要有 6 项[②]。当然，环境保护的基本原则的其他项也间接地体现出对政府环境责任的要求。

有关政府环境责任的规定在《俄罗斯联邦环境保护法》中具体体现在以下两个方面。

---

① 这 22 项包括：遵守每个人都有享受良好环境的权利；保障人的生命活动的良好条件；为保证可持续发展和良好的环境，将人、社会和国家的生态利益、经济利益和社会利益科学合理地结合起来；保护、发展和合理利用自然资源，是确保良好环境和生态安全的必要条件；俄罗斯联邦国家权力机关、俄罗斯联邦各主体国家权力机关、地方自治机关，负责在相应的区域内保障良好的环境和生态安全；利用自然付费，损害环境赔偿；环境保护监督独立自主；对计划中的经济活动和其他活动，实行生态危害推定原则；在作出进行经济活动和其他活动的决定时，必须进行环境影响评价；对可能给环境造成不良影响，对公民的生命、健康和财产造成威胁的经济活动和其他活动的方案及其他论证文件，必须进行国家生态鉴定；在规划和进行经济活动及其他活动时，必须考虑地区的自然和社会经济特点；自然生态系统、自然景观和自然综合体的保全优先；根据环境保护的要求确定经济活动和其他活动影响自然环境的容许度；保证根据环境保护标准，减轻在考虑经济和社会因素、利用现有最佳工艺技术的基础上可以达到的经济活动和其他活动的不良环境影响；俄罗斯联邦国家权力机关、俄罗斯联邦各主体国家权力机关、地方自治机关、社会和其他非商业性团体、法人和自然人，都必须参与环境保护活动；保全生物多样性；在对进行或计划进行经济活动和其他活动的主体确立环境保护要求时，保证采取综合的和区别对待的态度；禁止对环境的影响后果无法预测的经济活动和其他活动，禁止实施可能导致自然生态系统退化，植物、动物及其他生物体遗传基因改变和丧失，自然资源衰竭和其他不良环境变化的方案；遵守每个人都有获得可靠的环境状况信息的权利，以及公民依法参与有关其享受良好环境权利的决策的权利；违反环境保护立法必须承担责任；组织和发展生态教育体系，培育和建设生态文化；公民、社会和其他非商业性团体参与解决环境保护任务；俄罗斯联邦在环境保护领域的国际合作。

② 直接体现对政府环境责任提出的要求如下：俄罗斯联邦国家权力机关、俄罗斯联邦各主体国家权力机关、地方自治机关，负责在相应的区域内保障良好的环境和生态安全；俄罗斯联邦国家权力机关、俄罗斯各主体国家权力机关、地方自治机关、社会和其他非商业性团体、法人和自然人，都必须参与环境保护活动；遵守每个人都有获得可靠的环境状况信息的权利，以及公民依法参与有关其享受良好环境权利的决策的权利；违反环境保护立法必须承担责任；组织和发展生态教育体系，培育和建设生态文化；俄罗斯联邦在环境保护领域的国际合作"。

（1）政府具有的相关的环境职权。对政府环境职权的规定是《俄罗斯联邦环境保护法》中一个重要的组成部分，明确规定了政府的第一性环境责任。具体体现在两个方面：其一，对其作出原则性的规定，这主要体现在第 3 条有关环境基本原则之中，其中，62 条直接规定，16 条间接规定。其二，对其作出具体的细化，这主要体现在第二章"环境保护管理基础"之中，一共应用了 6 个条文（第 5～10 条）对其进行明确具体的规定。

（2）政府对保护环境的义务。在规定了一系列有关政府保护环境的职权外，《俄罗斯联邦环境保护法》还规定了政府保护环境的义务，而这些义务主要体现在保护行政相对人的环境权利之中。对于行政相对人而言，保护环境是一项重要的权利，对于政府或者说环境行政主体而言，环境保护是一项重要的义务。其中，对公民、社会团体和其他非商业性团体环境权利的规定，具体体现在《俄罗斯联邦环境保护法》第三章"公民、社会团体和其他非商业性团体在环境保护领域的权利和义务"之中，如第 11 条第 1 款和第 2 款规定的公民在环境保护领域的权利，第 12 条第 1 款规定的从事环境保护活动的社会团体和其他非商业性团体的权利。对于政府或者说环境行政主体的重要义务主要体现在保障良好环境权的国家措施体系（第 13 条）中，其包括三方面的内容：其一，俄罗斯联邦国家权力机关、俄罗斯联邦各主体国家权力机关、地方自治机关和公职人员，必须帮助公民、社会团体和其他非商业性团体实现其在环境保护领域的权利；其二，在对其经济活动和其他活动可能损害环境的项目布局时，布局决定必须考虑居民的意见或公决的结果；其三，阻碍公民、社会团体和其他非商业性团体进行环境保护活动，实现其该联邦法和其他联邦法律及俄罗斯联邦其他规范性法律文件规定的权利的公职人员，依照规定程序承担责任。

《俄罗斯联邦环境保护法》中不仅对政府环境责任作出了"原则性"① 规定，还进一步将政府环境责任具体化，这主要体现在该法第二章"环境保护管理基础"之中，具体如下：俄罗斯联邦国家权力机关在环境保护关系领域的职权（第 5 条）；俄罗斯联邦各主体国家权力机关在环境保护关系领域的职权（第 6 条）；地方自治机关在环境保护关系领域的职权（第 7 条）；实施国家环境保护管理的执行权力机关（第 8 条）；俄罗斯联邦国家权力机关与俄罗斯联邦各主体国家权

---

① 《俄罗斯联邦环境保护法》对政府环境责任作出的"原则性"规定主要体现在第 3 条规定的 22 项原则之中。例如，直接规定主要包括"俄罗斯联邦国家权力机关、俄罗斯联邦各主体国家权力机关、地方自治机关，负责在相应的区域内保障良好的环境和生态安全；俄罗斯联邦国家权力机关、俄罗斯各主体国家权力机关、地方自治机关、社会和其他非商业性团体、法人和自然人，都必须参与环境保护活动；遵守每个人都有获得可靠的环境状况信息的权利，以及公民依法参与有关其享受良好环境权利的决策的权利；违反环境保护立法必须承担责任；组织和发展生态教育体系，培育和建设生态文化；俄罗斯联邦在环境保护领域的国际合作"。

力机关之间在环境保护关系领域的职权划分（第 9 条）；地方自治机关实施的环境保护管理（第 10 条）；等等。

其中，《俄罗斯联邦环境保护法》第 5 条规定，俄罗斯联邦国家权力机关在环境保护关系领域，包括 30 余项①相关的职权。这些职权细化到每一项有关保护环境的政策上，形成一个环环相扣的职权链，即联邦政策—法律文件—联邦规划—法律地位和制度—环境保护措施—环境监测制度—环境保护监督制度—执行权力机构—保证环境得到保护—环境保护年度报告—规定环境保护要求（各种标准）—规定收费办法—国家生态鉴定—各主体协作配合—制定限制、停止和禁止的办法—提起赔偿诉讼—建设生态文化—环境状况信息—联邦红皮书—国家登记并给以分类—环境影响进行经济评价—自然客体和自然人文客体进行经济评价—制定有关许可制度—国际合作—其他职权。

《俄罗斯联邦环境保护法》第 6 条规定的俄罗斯联邦各主体国家权力机关在环境保护领域的职权如下：根据俄罗斯联邦各主体的地理、自然、社会经济及其他特点，确定俄罗斯联邦各主体区域内的环境保护基本方向；参与制定有关俄罗斯联邦生态发展的联邦政策及有关规划；在俄罗斯联邦各主体的区域内，根据其地理、自然、社会经济和其他特点，执行有关俄罗斯联邦生态发展的联邦政策；根据俄罗斯联邦各主体的地理、自然、社会经济及其他特点，制定和颁布俄罗斯联邦各主体的环境保护法律和其他规范性法律文件，并监督其执行；制定和批准包含有不低于联邦规定的相关要求、规范和准则的环境保护标准、国家标准和其

---

① 《俄罗斯联邦环境保护法》第 5 条规定的 30 余项相关职权包括保证执行俄罗斯联邦生态发展方面的联邦政策；制定和颁布联邦环境保护法律及其他规范性法律文件并监督其执行；编制、批准并保证实施俄罗斯联邦生态发展方面的联邦规划；宣布和规定俄罗斯联邦境内生态灾难区的法律地位和制度；协调和实施生态灾难区的环境保护措施；制定进行国家环境监测（国家生态监测）的制度，建立国家环境状况观测体系并保证其运行；制定实施国家环境保护监督（即联邦国家生态监督）的制度，其中包括对经济活动和其他活动客体的监督，不管所有制形式和是否处于俄罗斯联邦管辖；也包括可能造成越境环境污染的客体和在俄罗斯联邦两个或两个以上主体的地区范围内产生不良环境影响的客体；建立实施国家环境保护管理的联邦执行权力机构；保证环境得到保护，包括俄罗斯联邦大陆架和专属经济区的海洋环境；制定放射性废物和危险废物处置制度，对保证辐射安全进行监督；编制和发布国家环境状况和环境保护年度报告；规定环境保护要求，编制和批准环境保护领域的标准、国家标准和其他标准性文件；对向环境排放污染物、处置废物及其他对环境造成不良影响的行为，规定确定收费办法；组织和进行国家生态鉴定；就环境保护问题与俄罗斯联邦各主体协作配合；对违反环境保护立法的经济活动和其他活动，制定限制、停止和禁止的办法并予以实施；对因违反环境保护立法造成的环境损害，提起赔偿诉讼；组织和发展生态教育体系，建设生态文化；保证向居民提供可靠的环境状况信息；建立联邦级的受特殊保护的自然区域和属于世界遗产的自然客体，管理自然保护区，编辑俄罗斯联邦红皮书；对产生不良环境影响的客体进行国家登记，并按照其对环境不良影响的程度和范围加以分类；对受特殊保护的自然区域进行国家登记，包括自然综合体和各个客体以及自然资源，并考虑其生态价值；对经济活动和其他活动的环境影响进行经济评价；对自然客体和自然人文客体进行经济评价；制定环境保护领域某些活动的许可制度并予以实施；开展俄罗斯联邦在环境保护领域的国际合作；行使联邦法律和俄罗斯联邦其他规范性法律文件规定的其他职权。

他标准性文件；制定、批准和实施俄罗斯联邦各主体的环境保护专项规划；在俄罗斯联邦各主体的区域内实施自然保护和其他措施，改善生态灾难区的环境状况；根据俄罗斯联邦立法规定的程序，在俄罗斯联邦各主体的区域内组织并进行国家环境监测（国家生态监测），建立地区的环境状况观测体系并保证其运行；对俄罗斯联邦各主体区域内的经济活动和其他活动客体，不管其所有制如何，进行国家环境保护监督（国家生态监督），但归联邦国家生态监督的经济活动和其他活动客体除外；对经济活动和其他活动的环境影响进行经济评价；追究责任人员的行政责任和其他责任；对因违反环境保护立法造成的环境损害，提起损害赔偿诉讼；建立地区级的受特殊保护的自然区域，对这些区域的保护和利用进行管理和监督；在俄罗斯联邦各主体的区域内组织和发展生态教育体系，建设生态文化；在自己的职权范围内，在俄罗斯联邦各主体的区域内限制、停止和（或）禁止违反环境保护立法的经济活动和其他活动；在俄罗斯联邦各主体的区域内，保证向居民提供可靠的环境保护信息；对俄罗斯联邦各主体的区域内的产生环境不良影响的客体和来源进行登记；编辑俄罗斯联邦主体的红皮书；进行生态认证；调整自己职权范围内的其他环境保护问题。

《俄罗斯联邦环境保护法》第 7 条规定，有关地方自治机关在环境保护关系领域的职权，根据俄罗斯联邦法律确定。该条规定虽然没有明确规定地方自治机关在环境保护关系领域的职权，但是为其他法律确定职权提供了相应的依据，在具体应用中可作扩大解释。

总之，《俄罗斯联邦环境保护法》对政府生态责任的有关规定体现出了其所具有的特色，特别是相关的环境管理体制。它明确具体地规定了公民的环境权，公民、社会团体和其他非商业性团体在环境保护中的权力及其相关的环境行政主体的职权及义务。这样的权限集中的体制，不但有利于政府环境责任的实现，而且极大地提高了俄罗斯环境管理工作的效率。

三、《俄罗斯联邦生态鉴定法》对政府生态责任的有关规定

《俄罗斯联邦环境保护法》第 5 条规定，俄罗斯联邦国家权力机关在环境保护关系领域的职权中明确将生态鉴定作为一种职权，具体是组织和进行国家生态鉴定。该规定只是作出了原则性的规定，并没有具体规定什么是生态鉴定。其具体而详细的规定体现在杜马于 1995 年 10 月 27 日通过的《俄罗斯联邦生态鉴定法》中。该法第 1 条规定，"生态鉴定是指查明拟议进行的经济活动和其他活动是否符合生态要求，并确定是否准许生态鉴定对象予以实施。其目的在于预防这些活动对自然环境可能产生的不良影响和与此相关的，因将生态鉴定对象付诸实现而导致的不良的社会、经济及其他后果"。这种规定是对保障环境安全所做的一种预防性措施。

根据《俄罗斯联邦环境保护法》第 36～39 条和《俄罗斯联邦生态鉴定法》第 4 条的规定，生态鉴定分为国家生态鉴定和社会生态鉴定两种。由于时间和精力有限，本书主要研究国家生态鉴定。

根据《俄罗斯联邦环境保护法》第 33 条及第 36～39 条和《俄罗斯联邦生态鉴定法》第 4 条等相关规定可以得知：国家生态鉴定是指俄罗斯联邦被专门授权的国家生态鉴定机关，对俄罗斯法律规定必须进行国家生态鉴定的经济活动和其他活动项目依法进行的生态鉴定活动（张波，2006）。其中，国家生态鉴定属于法定鉴定，具有以下四个特征：其一是鉴定机关为特定的国家机关，即鉴定机关必须是俄罗斯联邦被专门授权进行生态鉴定的国家机关。其二是鉴定的对象是特定的，必须是依法规定的，即鉴定对象范围之内的各种经济活动和其他活动项目，必须依法定程序和法律规定的要求，将活动的有关材料报送国家生态鉴定机关进行国家生态鉴定，否则将承担相应的法律责任。其三是国家生态鉴定的鉴定结论具有法律效力。要实施经过国家生态鉴定的经济活动和其他活动项目，必须具有国家生态鉴定的肯定性结论。其四是国家生态鉴定有级别之分，包括联邦级和联邦主体级，但却不区分法律效力的高低，都具有同等的法律效力。

如上所述，由于鉴定对象的范围不同及其鉴定的机关不一样，国家生态鉴定被区分为联邦级和联邦主体级，属于联邦一级国家生态鉴定的鉴定对象由联邦国家生态鉴定机关专门进行鉴定，而属于联邦主体一级的国家生态鉴定的鉴定对象由地区国家生态鉴定机关进行鉴定。虽然根据鉴定对象和机关的不同将国家生态鉴定分为两类，但是却不区分法律效力的高低，都具有同等的法律效力。其中不同之处还在于，联邦级可以对联邦主体级给予方法指导，并可以对联邦主体级的国家生态鉴定机关之间在生态鉴定活动中产生的意见分歧进行处理。反之，联邦主体级却不可以进行这样的活动。

当然，俄罗斯的有关政府对环境的生态责任并不仅仅只表现在《俄罗斯联邦宪法》、《俄罗斯联邦环境保护法》及《俄罗斯联邦生态鉴定法》之中，还表现在《俄罗斯联邦投资活动法》、《俄罗斯联邦行政违法行为法典》、《俄罗斯联邦民法典》及《俄罗斯联邦刑法典》之中。例如，对于禁止向不符合俄罗斯立法规定的环境标准、卫生保健标准和其他标准要求的项目投资的相关规定体现在《俄罗斯联邦投资活动法》中；而有关的对环境行政违法行为及其处罚、环境民事责任的归责原则、对环境犯罪及其处罚等规定，由《俄罗斯联邦行政违法行为法典》、《俄罗斯联邦民法典》及《俄罗斯联邦刑法典》进行系统的规定。

第五章

政府生态责任法律制度的构建

第一节　政府的生态服务责任

由于环境质量是一种公共物品，一种公共服务，公众是这种产品的受益者，政府对环境质量负责其实质是要求政府对公众负责，是政府就公共物品的品质向公众所做的承诺。在节能减排中，给公众提供一种生态文明的生活品质，是责任政府应有的服务内容。

一、前提：节能减排立法定位的转变

资源环境问题的制度根源主要来自"市场失灵"和"政府失灵"，二者共同构成"制度失灵"。政府规制是对"市场失灵"的反应，但是，"市场失灵"只是政府规制的必要条件而不是充分条件。政府规制成为必要，还需要具备以下两个条件：一是政府干预的效果必须好于市场机制的效果；二是政府干预的收益必须大于政府干预的成本。由于这两个条件并非在所有情况下都能够得到满足，政府规制往往不能纠正"市场失灵"，反而会将市场进一步扭曲，出现"政府失灵"（廖卫东，2004）。这在我国的节能减排立法领域体现得最为明显。由于我国现行的节能减排立法对引发中国环境问题的主因存在认识上的偏差，加之我国专制主义法文化传统，我国节能减排立法一直将功能定位于克服环境领域的"市场失灵"，这种立法定位反映在实践中，就是我们环境保护中将战略突破口选择在企

业上，先是工业"三废"（废气、废水、废渣），后扩大到生态建设或者生态破坏的防治，始终围绕着企业（产品生产者和资源开发者）转。由此，我们可以看出节能减排立法中明显的倾向：重视对企业的监管，对政府则是重授权轻监督。法律对于政府由于决策失当可能引起大范围、长时期的环境危害没有给予足够的注意，没有为预防政府在资源环境问题上的决策失误作出严谨的制度设计（王曦，2009a）。

无效的制度安排对资源节约、综合利用及环境污染的预防和治理效果十分有限，甚至会导致资源环境问题进一步恶化。有效的制度安排则使资源环境得到合理开发和保护，即使遭到破坏，也可较快得到修复。我国这种节能减排法定位所带来的直接后果，就是在节能减排法律制度的实施过程中出现我们前面分析的"政府生态责任让位于政府经济责任、政府生态义务让位于政府生态权力、政府生态责任追究让位于企业生态责任追究、政府生态民事责任让位于政府生态行政责任"现象的发生，最终导致我国节能减排立法效用性失灵，环境形势依然严峻的局面。企业造成的环境污染和生态破坏的影响在空间和时间上往往是有限的，但政府环境保护职能的缺失，却往往对全国乃至国外环境带来大范围、长时间的损害，而且这种损害在事后往往无法补救或补救的经济代价极高。因此，在环境资源保护领域里，政府职能和行政决策的完善对于一个国家的长远发展而言是必不可少的，而且完善得越早，环境、资源和经济的代价越小。我国的资源环境形势以及美国、日本、德国和俄罗斯的节能减排立法经验告诉我们，我国节能减排立法应将功能定位于克服环境领域的"政府失灵"，将环境保护的突破口由企业转变为政府，将政府的生态责任由"管理环境"转变为"治理环境"，进而将政府的生态责任定位于为公众提供环境服务责任。

清洁的、有益于健康的生态环境是政府应当提供的基本的公共物品和公共服务。环境保护是现代政府的重要职能，是政府干预的主要领域。公共行政已经走过了统治行政，正经历管理行政走向服务行政的模式。要求政府对环境质量负责体现了以服务为导向，对环境质量负责就是对公众负责。为公众提供环境服务责任，体现了一种全新的行政理念，是确定政府在节能减排领域的管理目标和职能的总体依据。我国《宪法》和《环境保护法》在法律上确定了对环境质量负责的法律责任主体是政府。但长期以来，这一规定只停留在纸面上，很少有人去探究其实质含义，使这一条文缺乏运用及落实，使这一具有历史性意义的法律条文形同虚设。可见，向公众提供合格的环境质量是政府的长期承诺，也是一项艰巨的任务，必须以立法的形式建立起一套规范和约束政府行为的长效管理机制，使各种政策和措施法律化、制度化、规范化（杨朝飞，2007）。

二、核心：公民环境权的立法完善

1972 年《人类环境宣言》标志着对公民环境权的重视成为世界各国的共识。《人类环境宣言》提出，"人类环境的两个方面，即天然和人为的两个方面，对于人类的幸福和对于享受基本的人权，甚至生存权利本身，都是不可缺少的"。"人类有在尊严和幸福生活的环境中享受自由、平等和适当生活条件的基本权利，并且负有保护和改善这一代和将来世世代代的环境的庄严责任"（董云虎和刘武萍，1991）。

（一）国外公民环境权的立法现状

法律意义上，环境权体现为一种公民与国家之间的权利义务关系，即公民的环境权和国家的环境职责（周训芳，2003）。世界上很多国家就是按照公民的环境权与国家的环境义务对应的制度设计方式，将公民环境权的保护写进本国宪法或环境基本法里的。

《菲律宾宪法》规定，"国家保障和促进人民根据自然规律及和谐的要求，享有平衡的和健康的环境的权利"。《芬兰宪法》规定，"人人都负有对大自然及其生态多样性、环境和我们的文化遗产的责任。国家应当努力保障每一个人的良好环境权，以及每一个人影响与生活环境有关的决策的机会"。《韩国宪法》规定，"所有公民有在健康、舒适的环境中生活的权利，国家以及公民应当努力保护环境"。《马里宪法》规定，"每个人都拥有一个健康的环境的权利。国家和全国人民有保护、保卫环境及提高生活质量的义务"。《智利宪法》规定，"所有的人都有权生活在一个无污染的环境中"，"国家有义务监督、保护这一权利，保护自然"。《秘鲁宪法》规定，"公民有保护环境的义务，有生活在一个有利于健康、生态平衡、生命繁衍的环境中的权利"，"国家有防治环境污染的义务"。

《法国宪法》规定，"为了确保可持续发展，旨在满足现阶段需求的选择不能有损将来几代人和其他人民满足他们自身需求的权利。宣告如下：①人人都享有在一个平衡的和不妨害健康的环境里生活的权利；②人人都负有义务参与环境的维护和改善；③每一个人，在法律规定的条件下，都应当预防其自身可能对环境造成的损害，或者，如果未能预防时，应当限制损害的后果；④每一个人都应该根据法律规定的条件为其自身对环境造成的损害分担赔偿；⑤当损害的发生会对环境造成严重的和不可逆转的影响时，尽管根据科学知识这种损害的发生是不确定的，政府当局仍应通过适用预防原则，在其职权领域内建立风险评估程序和采取临时的相称措施来防止损害的发生；⑥公共政策应当促进可持续发展，为此，它们要协调环境的保护和利用、经济的发展和社会的进步；⑦在法律规定的条件和限制下，每一个人都有权获得由政府当局掌握的与环境相关的信息，并参加会对环境产生影响的公共决定的制定；⑧环境教育和培训应该为实施本宪法规定的权利和义务作出贡献；⑨研究和改革应当有助于环境的维护和利用；⑩该宪法鼓励法国在欧洲和国际上的行动"。

美国《国家环境政策法》被称为美国公民环境权的纲领性文件。该法第4331条"国会国家环境政策宣言"规定，"为执行本法规定的政策，联邦政府有责任采取一切切实可行，并考虑与国家政策一致的措施，改进并协调联邦的计划、职能、方案和资源，以达到如下目的，即国家应当：①履行每一代人都作为子孙后代的环境保管人的责任；②保证为全体公民创造安全、健康、富有活力并符合美学和文化上的优美的环境；③最大限度地利用环境，不得使其恶化或者对健康和安全造成危害，或者引起其他不良的和不应有的后果；④保护国家历史、文化和自然方面的重要遗产，并尽可能地保持一种能为每个人提供丰富与多样选择的环境；⑤谋求人口与资源的利用达到平衡，促使国民享受高度的生活水平和广泛舒适的生活；⑥增强可再生资源的利用，最大限度地利用不可再生资源"（赵国青，2000）。

各国对公民环境权的法律规定具有极其重要的政治和法律意义。它明确确认了国家有义务保证公民的权利和自由，其中包括公民环境权利的实现。而为了保证公民环境权利的实现，国家就有义务保护环境，并向公民及时发布关于国家环境状况方面的信息。尤其是进入20世纪90年代以来，世界上出现了公民环境权宪法化、具体化和公民权化的发展趋势（周训芳，2003）。

（二）我国公民环境权的立法现状

1. 我国宪法对公民环境权的相关规定

我国宪法没有明文规定公民的环境权。在我国现行宪法中，宪法条款的第8～10条和第26条可以被认为间接性地规定了公民环境权的内容。

《宪法》第8条规定，"农村集体经济组织实行家庭承包经营为基础、统分结合的双层经营体制。农村中的生产、供销、信用、消费等各种形式的合作经济，是社会主义劳动群众集体所有制经济。参加农村集体经济组织的劳动者，有权在法律规定的范围内经营自留地、自留山、家庭副业和饲养自留畜"。《宪法》第9条规定，"矿藏、水流、森林、山岭、草原、荒地、滩涂等自然资源，都属于国家所有，即全民所有；由法律规定属于集体所有的森林和山岭、草原、荒地、滩涂除外。国家保障自然资源的合理利用，保护珍贵的动物和植物。禁止任何组织或者个人用任何手段侵占或者破坏自然资源"。这两条内容可以看做对公民基于生存需要的环境资源开发利用权。《宪法》第10条规定，"国家为了公共利益的需要，可以依照法律规定对土地实行征收或者征用并给予补偿"。《宪法》第26条规定，"国家保护和改善生活环境和生态环境，防治污染和其他公害。国家组织和鼓励植树造林，保护林木"。这两条内容间接地规定了公民享有良好环境权（周训芳，2003）。

可见，我国现行《宪法》是隐含而不是采用明示的方式规定了我国公民基于生存需要的环境资源开发利用权和享有良好环境权两大权利，这为我国公民主张环境权提供了基础，同时也为我国公民环境权在其他法律规范中的配置提供了宪法依据。

2. 我国《环境保护法》及其他环境单行法对公民环境权的相关规定

《环境保护法》第 6 条规定，"一切单位和个人都有保护环境的义务……公民应当增强环境保护意识，采取低碳、节俭的生活方式，自觉履行环境保护义务"。第 53 条规定，"公民、法人和其他组织依法享有获取环境信息、参与和监督环境保护的权利。各级人民政府环境保护主管部门和其他负有环境保护监督管理职责的部门，应当依法公开环境信息、完善公众参与程序，为公民、法人和其他组织参与和监督环境保护提供便利"。第 57 条规定，"公民、法人和其他组织发现任何单位和个人有污染环境和破坏生态行为的，有权向环境保护主管部门或者其他负有环境保护监督管理职责的部门举报。公民、法人和其他组织发现地方各级人民政府、县级以上人民政府环境保护主管部门和其他负有环境保护监督管理职责的部门不依法履行职责的，有权向其上级机关或者监察机关举报。接受举报的机关应当对举报人的相关信息予以保密，保护举报人的合法权益"。第 58 条规定，"对污染环境、破坏生态，损害社会公共利益的行为，符合下列条件的社会组织可以向人民法院提起诉讼：（一）依法在设区的市级以上人民政府民政部门登记；（二）专门从事环境保护公益活动连续五年以上且无违法记录。符合前款规定的社会组织向人民法院提起诉讼，人民法院应当依法受理。提起诉讼的社会组织不得通过诉讼牟取经济利益"。

《清洁生产促进法》第 6 条规定，"国家鼓励社会团体和公众参与清洁生产的宣传、教育、推广、实施及监督"。第 17 条规定，"省、自治区、直辖市人民政府负责清洁生产综合协调的部门、环境保护部门，根据促进清洁生产工作的需要，在本地区主要媒体上公布未达到能源消耗控制指标、重点污染物排放控制指标的企业的名单，为公众监督企业实施清洁生产提供依据。列入前款规定名单的企业，应当按照国务院清洁生产综合协调部门、环境保护部门的规定公布能源消耗或者重点污染物产生、排放情况，接受公众监督"。

《环境影响评价法》第 5 条规定，"国家鼓励有关单位、专家和公众以适当方式参与环境影响评价"。第 11 条规定，"专项规划的编制机关对可能造成不良环境影响并直接涉及公众环境权益的规划，应当在该规划草案报送审批前，举行论证会、听证会，或者采取其他形式，征求有关单位、专家和公众对环境影响报告书草案的意见。但是，国家规定需要保密的情形除外。编制机关应当认真考虑有关单位、专家和公众对环境影响报告书草案的意见，并应当在报送审查的环境影响报告书中附具对意见采纳或者不采纳的说明"。第 21 条规定，"除国家规定需要保密的情形外，对环境可能造成重大影响、应当编制环境影响报告书的建设项目，建设单位应当在报批建设项目环境影响报告书前，举行论证会、听证会，或者采取其他形式，征求有关单位、专家和公众的意见。建设单位报批的环境影响报告书应当附具对有关单位、专家和公众的意见采纳或者不采纳的说明"。

《循环经济促进法》第 10 条规定，"公民有权举报浪费资源、破坏环境的行为，有权了解政府发展循环经济的信息并提出意见和建议"。第 17 条规定，"国家建立健全循环经济统计制度，加强资源消耗、综合利用和废物产生的统计管理，并将主要统计指标定期向社会公布"。

《大气污染防治法》第 5 条规定，"任何单位和个人都有保护大气环境的义务，并有权对污染大气环境的单位和个人进行检举和控告"。第 62 条规定，"造成大气污染危害的单位，有责任排除危害，并对直接遭受损失的单位或者个人赔偿损失"。

《固体废弃物污染环境防治法》第 9 条规定，"任何单位和个人都有保护环境的义务，并有权对造成固体废物污染环境的单位和个人进行检举和控告"。第 84 条规定，"受到固体废物污染损害的单位和个人，有权要求依法赔偿损失"。

《水污染防治法》第 10 条规定，"任何单位和个人都有义务保护水环境，并有权对污染损害水环境的行为进行检举"。第 85 条规定，"因水污染受到损害的当事人，有权要求排污方排除危害和赔偿损失"。

《环境噪声污染防治法》第 7 条规定，"任何单位和个人都有保护声环境的义务，并有权对造成环境噪声污染的单位和个人进行检举和控告"。第 61 条规定，"受到环境噪声污染危害的单位和个人，有权要求加害人排除危害；造成损失的，依法赔偿损失"。

《放射性污染防治法》第 6 条规定，"任何单位和个人有权对造成放射性污染的行为提出检举和控告"。

《海洋环境保护法》第 4 条规定，"一切单位和个人都有保护海洋环境的义务，并有权对污染损害海洋环境的单位和个人，以及海洋环境监督管理人员的违法失职行为进行监督和检举"。第 90 条规定，"造成海洋环境污染损害的责任者，应当排除危害，并赔偿损失；完全由于第三者的故意或者过失，造成海洋环境污染损害的，由第三者排除危害，并承担赔偿责任"。

总体来说，我国《环境保护法》及其他环境单行法对公民环境权的规定主要有两方面内容：①一切单位和个人有权对造成环境污染的单位和个人进行检举、控告和监督；②受到污染的单位和个人有权要求赔偿损失。除此之外，《环境影响评价法》和《清洁生产促进法》还规定了公民的环境参与权，《循环经济促进法》规定了公民的环境知情权。

可见，在我国，无论是《宪法》还是《环境保护法》以及其他环境单行法，对公民环境权都没有作出明示的规定，尽管在《宪法》及环境资源法律中已经包含了大量公民环境权的法律条款，但这些条款没有逻辑上的必然联系，不能构成一个权力体系，在内容的制度设计上也都大同小异，这与我国环境资源法的数量极不相称。

（三）公民环境权的立法完善路径

如前所述，当今世界各国的公民环境权立法已经呈现出宪法化、具体化和公民权化的趋势，因此，我国的公民环境权立法也应当顺应这股世界潮流，更为重要的意义在于，它是我国政府生态责任由"生态职权责任"转变为"生态服务责任"的核心内容。

1. 公民环境权入宪

环境权入宪或者环境权的宪法化是环境权立法的主要模式（吴卫星，2008）。公民的基本权利是在国家根本大法——《宪法》中第二章专门进行规定的。宪法具有最高的法律效力，任何法律都不得与宪法相冲突。将公民的基本权利和义务以根本法的形式加以确认，体现了国家高度重视保障公民的基本权利的实现，并且具有重要的意义，如保护公民免受各种不法行为的侵害。

明确环境权的宪法化，不仅仅是规定环境权为基本的权利，还必须规定相应的保障环境的义务，因为没有无义务的权利，也没有无权利的义务。二者是一致的，并且还必须明确规定履行环保义务和保障环境权的主体及其相关的职责，从而为其他基本法及各种单行法奠定相关环境权的宪法基础，使环境权得到更加明确、具体的法律保护。

2. 在《环境保护法》中合理定位公民环境权

在《环境保护法》中合理定位公民环境权的前提，是将《环境保护法》独立成为一部真正意义上的环境基本法，这样在环境基本法中所规定的公民环境权才能与其他基本部门法中所确立的财产权、行政权、国家主权、国家经济职权等区别开来，从而使公民环境权能够独立地成为环境法上的核心权力。

公民的环境权是公民享有的环境不被污染和破坏以及公民可以在良好环境中生产生活的权利。对公民环境权进行定位需要对它的性质进行界定。公民的环境权范围较广，包括知情权、环境事务参与权、请求权及公众监督权等。由此可以看出公民环境权具有公共性，但所谓公共利益不过是公民的私人利益的集合体（罗豪才，1996）。因此，公民环境权作为公民的一项基本权利，我们不能忽视它的私权利性质。公民依赖于环境与资源生存发展，这种对环境的依赖是与生俱来的，公民的环境权是不能被剥夺的权利，是人们存在所必然拥有的权利。承认公民环境权的私权利性质有利于调动公众参与环境保护的积极性。

在《环境保护法》中合理定位公民环境权，首先要在《环境保护法》中将公民的环境权放在核心地位，公民可以监督政府是否履行了环境管理的义务，同时确立公民参与环境管理的方式方法，对政府环境违法行为或环境保护中的不作为行为有权利提起行政诉讼。其次在《环境保护法》中明确公民环境保护行为正当性的边界，承认公民环境权的私权利性质并不是承认公民可以无限制无约束地利用资源以及向环境中排放污染物，因此，在《环境保护法》中应建立一种约束机制，防止私权利面对利益时的不理智行为。过于将利益倾向于某个利益主体，会导致权力的滥用，非制度化公众参与不是公众参与的常态，私利益也会以实现利益最大化为目的，因此也要防止公民环境权的滥用。最后在《环境保护法》中明确当公民环境权受到侵害时，公众可以获得法律上的救济。当环境行政主体忽视公民环境权时，环境行政相对人可以通过行政或司法救济手段来予以纠正和弥补。

3. 在单行环境资源法中将公民环境权具体化

在单行环境资源法中将公民环境权具体化，从而建立起环境权的子权利体系，将环境权具体化，使《宪法》和《环境保护法》中所规定的公民环境权获得具体的环境资源法的保障。公民环境权的子权利体系是从宪法环境权、环境保护法环境权派生出来的，因此，构建起来相对比较容易。

由于我国很多单行的环境资源法中已经规定了一些具体的公民环境权，只是还不够健全，存在缺位现象，还不能形成一个具有内在逻辑的环境公民权的子权利的基础上加以改造、完善与补充。

三、关键：政府生态权责一致

权责一致就是"让掌握和行使公共权力而产生消极性后果的人承担否定性或对其不利的法律后果，遭受制裁或惩处的规则"。责权一致要求行政机关行使法律赋予的权力必须承担相应的责任，渎职行为必须受到追究；行政机关行使法律赋予的权力必须受到相应的法律监督，不允许没有任何监督的专断权力的存在；行政机关违法失职行为造成了相对人的损害，要对受害者予以补偿。有权必有责、有权必受监督、侵权须予赔偿，这是权责一致原则的三要件（姜明安，1989）。

（一）我国政府生态权责失衡的立法根源

我国的节能减排法律体系以《环境保护法》为基础，按照调整范围，基本可分为污染防治法和自然资源保护法，对各环境要素进行监督管理。我国现行的若干国家节能减排的法律、法规、行政规章及节能减排的地方性法规、规章，基本上都是以向政府及其职能部门授权为主要内容，以企事业单位为规制对象，进而逐步形成控制企事业单位污染与破坏环境行为的法律体系。节能减排立法整体上呈现出"监管企业"的态势，尚难成为"监管监管者"之法（吕忠梅，2009）。例如，这些法律中充满了针对生产者和开发者的管理制度安排，如污染控制类法律中的排污申报登记、排污许可证、排污总量控制、现场检查、限期治理、停业关闭、排污收费、行政处罚，以及资源类法律中的登记许可、监督检查、收费、行政处罚等制度。但对于管理者，即行政机关，这些法律的制度安排非常薄弱（王曦，2008）。正由于我国节能减排立法将功能定位于克服环境领域的"市场失灵"，将环境保护的突破口选择为企业，政府的生态责任其实就是管理环境，我国节能减排法律其实就是政府的"环境管制法"。这种立法定位扩大了政府的环境管理权，减轻了政府的生态责任，增加了政府在环境管制过程中地方保护主义以及权力寻租等"政府失灵"现象发生的风险。

诚然，各种环境事件尤其是污染事件的肇事者一般都是企事业单位，但是我们的行政管理者，我们的政府绝对是无法独善其身的。政府是社会生活的管理者，掌握大量资源能源决定权，如果政府决策政策失误，造成的结果很有可能会产生规模效应，诱发大规模危机。在我国环境法中有一些制度和措施，如环境影响评价制度和"三同时"制度，本身应当是以规范政府决策和政府行为为主的制度，却偏转为政府用来管理生产者和开发者的制度和措施。这些制度在设计上缺乏对政府行为，如环评审批行为和规划行为的监督和制约措施（王曦，2008）。政府不履行生态职责以及违法履行生态职责已经成为环境问题久治不愈的根源。尤其是在我国民众环境意识淡薄、环境保护事业主要依靠政府自上而下推进的社会环境下，政府在环境保护中发挥着主导作用，只有加强对政府环境行政行为的规制，才能从源头上控制环境污染和破坏事件的频繁发生。

（二）我国政府生态权责平衡的实现路径

从环境污染和生态破坏的种种悲剧中，我们很容易发现资源环境领域里"政府失灵"的一个重要原因是政府官员的个人利益或是政府的部门利益驱动在作祟。因此，在节能减排立法中需要通过法律制度的合理设计，加大对政府环境行为的监督力度，追求政府生态权责的平衡。

1. 完善政府生态第二性责任

为了避免政府生态责任条款的虚置，增强政府生态责任条款的有效性，应当改变现行环境法律重政府生态第一性责任，轻政府生态第二性责任的现状，强化政府生态第二性责任。具体而言，环境法律规范在规定政府环境管理职责或者职权的同时，还应当明确政府不履行环境管理职责以及滥用环境管理职权等环境行政违法行为时所应承担的不利法律后果（也即政府生态第二性责任），从而使政府生态第一性责任在法律机制的保障下真正落到实处。在此基础上，应进一步设计政府生态责任条款的可操作性。现有政府生态责任条款缺乏可操作性是导致政府生态责任立法有效性不足的重要原因之一。因此，在法律制度设计上，应当细化政府生态责任条款的规定，从而增强政府生态责任条款的可操作性。

2. 合理配置政府生态权责体系

首先，科学配置政府与环境保护行政主管部门的生态权责。政府生态权责不一致主要包括两种，即权大责小、权小责大，这在一定意义上对应了我国环境管理的现状，尤其是基层环境管理的现状。环境保护行政主管部门是专门负责环境保护的政府职能部门，而政府具有广泛的社会管理职权，其中包括宏观的环境管理，但其在权力横向配置中，并未分配给环保职能部门相应的权力。最为关键的是，政府不仅担负着保护环境的职责，还担负着发展经济的职责，在错误政绩观和发展观的驱使下很有可能为了暂时的经济利益而忽视对环境利益的保护。因此，为了实现权责一致性原则，避免环境保护行政主管部门受制于地方政府，避免其因环境管理权力受限而束手束脚，无法顺利地开展环境保护工作，在立法上有必要适当扩大环保部门的监督执法权力，以达到权责对等。在行政管理体制上，政府承担的是宏观决策的职权，而作为职能部门的地方环保机构则是监督执法部门，负责具体的监督管理。综合决策由政府的综合管理部门作出，其他部门参与。监督执法部门一般要超脱于具体的职能管理部门，自成体系，这样才能保证其不受行政权力干扰，充分地行使监督执法职能。这样的职能定位，意味着在环境行政执法过程中，必须适当完善权力的配置，将一些具体的执法权赋予环保部门，使其能够有效地完成环境保护任务。

其次，科学配置环境保护行政主管部门与政府其他部门的生态权责。为实现政府生态权责一致，还应当改变目前环境保护行政主管部门与其他负有环境保护职责的政府职能部门之间的生态权责分配不平衡的现状，使有关政府职能部门所享有的环境管理职权与其不依法履行环境管理职权所应承担的生态责任一一对应起来。唯有如此，才能防止政府环境管理权力不受限制并避免政府滥用其环境权力。具体而言，一是在环境法律规范中明确规定环境保护行政主管部门不履行或者违法履行其环境职责应当承担的法律责任的同时，还应当明确规定其他负有环境保护职责的政府职能部门不履行或者违法履行其环境职责应当承担的法律责任。二是在环境法律规范中明确环境保护行政主管部门在环境保护工作中的统一监督管理职权，明确规定环境保护行政主管部门如何统一监督管理，如协调或者指挥其他政府职能部门的环境保护工作等。同时应当明确其他有关部门的环境保护职能，如何在环境保护行政主管部门的统一监管下履行自身的环境管理职责。

三是在环境法律规范中合理配置政府各部门之间的环保职能。一方面，理清政府各部门之间的环保职能分工，避免各政府部门环保职能的交叉和重复，形成各有分工、各负其责、有机协调的政府环境职责配置体系；另一方面，协调好政府部门的经济建设职能与环境管理职能，坚持在保护环境中发展经济，在发展经济中保护环境，同时加强对违反环境管理职责的政府环境行政行为的处罚力度。

第二节　政府的生态决策责任

所谓生态决策，就是指以生态价值理念为指导，在开发与社会发展等决策活动中把生态环境因素作为决策的最基本因素予以考虑的决策论证、评价及实施的过程（赵映诚和吴敏，2008）。生态决策相对于传统的决策而言，是一场决策价值观的革命与转变，是人类文明发展的体现。政府生态决策的科学性、合理性和有效性是实现节能减排、发展低碳经济、建设环境友好型社会的重要保障。

一、从政府生态决策失误看政府承担生态决策责任的必然性

政府的生态决策责任是从源头上防止环境污染和生态破坏。回顾历史，国内国际许多重大环境问题都是由生态决策的失误酿成的。在整个环境事件的产生过程中，政府的决策失误和管理缺位或失效往往比企业行为对资源的破坏更大、有害影响更深远。企业造成的环境污染和生态破坏的影响在空间和时间上往往是有限的，但政府生态决策的失误却往往对全国乃至国外环境带来大范围、长时间的损害，而且这种损害在事后往往无法补救或补救的经济代价极高。因此，在环境资源保护领域里政府生态决策的完善对于一个国家的长远发展而言是必不可少的，而且完善得越早，环境、资源和经济的代价越小（王曦，2009b）。

（一）政府生态决策失误引发的环境灾难

"重点发展"酿成"白色污染"。1986年，《全国包装工业发展纲要》提出塑料等包装制品的产量要有一个较大幅度的增长。这项没有考虑环境影响的政策实际上酿成了今天的白色污染。塑料垃圾在全国造成了一场白色灾难且至今尚未完全消失。

"重点支持"扶起污染产业。20世纪80年代中期，有关方面提出"大矿大开、小矿放开，有水快流，国家、集体、个人一起上"的政策，大大助长了全国各地乱采滥挖矿产资源之风，造成严重的资源浪费和破坏，迫使国家在几年后不得不采取严厉措施，关闭这类小矿。1989年有关方面产业政策同样不适当地支持了若干严重污染的行业或产品。造纸、电镀、皮革、印染、焦化等重污染行业

在 20 世纪 90 年代初期和中期得到快速发展。一时间，全国各地村村冒烟，大河小河臭气熏天。1996 年国务院决定在全国关停"十五小"污染企业，到 1997 年全国共取缔、关停这类小企业 65 000 多家，"九五"期间又关闭了 85 000 多家。取缔这些企业，国家、地方和个体投资者都承受了巨大损失，仅是中国农业银行因这项行动而无法回收的贷款本息就达 50 多亿元。

流域开发开出北京风沙源。中国西北边疆有一道天然的绿色屏障，曾被诗人比作"风吹草低见牛羊"的广阔富庶之地，即额济纳旗的东西居延海。但是，随着对流域的不断开发以及在开发过程中缺乏对流域的整体性环境影响的考虑，延海的西居随着上游建坝拦水而出现干枯现象，随之而来的是东居延海也彻底干涸。在额济纳绿洲面积不断减少的同时，戈壁沙漠的面积却在不断增长，二者形成了鲜明的对比①。也正由于沙漠化的影响，2000 年北京的春天竟出现了 19 次之多的沙尘暴。

大规模开发农业引起的沙漠化。20 世纪 50 年代的"大跃进"造成了大规模的盲目垦荒，特别是三江平原所经历的开发"北大荒及垦荒浪潮"②。正因为这些大规模的垦荒，盲目追求眼前的经济利益，同时又严重缺乏科学性，不断进行滥肆开发，环境生态逐渐失衡，从而引发了一系列的生态环境问题，如森林覆盖率降低、降雨量减少、河流径流量减少、地下水位下降、土壤盐渍化等，并且也造成了人类与环境、人类与资源，以及资源与环境之间各种矛盾的突出。

水资源开发利用不当引起的环境恶化。由于在开发水资源时，所追求的是局部利益、眼前利益，而不注意保护环境，造成了大面积的生态环境恶化，随之而来的是干旱、大风、沙尘暴逐年增多及各种自然灾害的不断出现。典型的例子是塔里木河和黑河的生态悲剧。之所以说是悲剧，就是原本为世界上最大的天然原始胡杨林，现在由于缺水，出现了衰败枯萎死亡，并且连下游的胡杨林的面积也在不断减少，与此同时，沙化面积依然在增大。黑河也是如此。

可见，在经济建设中曾出现严重的生态环境问题，究其根源无不是在制定政策和规划时不考虑环境影响或考虑不周，政府承担生态决策责任意味着要从环境保护的源头约束政府经济决策行为。

（二）政府生态决策失误引发的环保维权群体性事件

近些年来，随着工业化、城镇化进程的加快和人民群众权利意识的增强，因

---

①　鲜明的对比是指，额济纳绿洲面积从 6 440 平方千米锐减到 3 200 平方千米，戈壁沙漠面积增加了 460 多平方千米，1 700 多万亩（1 亩≈666.67 平方米）梭梭林仅剩下 300 万亩的残林，胡杨林也以每年 1.2 万亩的速度消亡。

②　"北大荒及垦荒浪潮"是指，三江平原经历了 1956～1958 年的 10 万转业部队官兵进军北大荒，1969～1973 年 45 万城市知青加入生产建设兵团垦荒浪潮，进行大规模的农业开发。

环境污染问题引发的群体性事件明显增多。环保类群体性事件呈易发、多发态势，其对地方政府生态决策提出的挑战引人深思。其中，比较典型的环保类群体性事件主要有以下几起。

2007 年厦门"PX 事件"。因担心 PX 项目落户厦门造成污染，2007 年 6 月 1 日起数千市民连续两天走上街头"集体散步"，表达反对建设该化工项目的意愿，最终这一已获国家相关部门批准、投资过百亿元的项目迁至漳州。

2008 年"成都事件"。2008 年 5 月成都发生"口罩游行"事件，抗议中石油即将在彭州投资达 160 多亿元建设的千万吨级炼化项目和 80 万吨乙烯化工项目。该项目酝酿达 20 多年，但公众无法得知其究竟会给这人口稠密的天府之国带来怎样的环境影响。

2008 年上海"磁悬浮事件"。2008 年 1 月 12 日，"沪杭磁悬浮项目上海机场联络线"规划地段附近，上千居民高呼反对污染的口号，"集体散步"至人民广场，次日又有许多市民到南京路步行街"集体购物"以示抗议，后来上海市市长韩正表示该项目线路选址尚需进一步听取各方意见。

2008 年云南"丽江事件"。2008 年 8 月 4 日，因水源污染等问题，丽江市华坪县兴泉镇部分村民与高源建材有限公司员工发生冲突，双方约 300 人参与，6 位村民受伤、13 辆汽车受损。随即，县政府责成高源建材有限公司分两次共缴纳 400 万元处置保证金。

2009 年 7 月和 8 月分别爆发的湖南浏阳市镇头镇千人抗议长沙湘和化工厂镉污染，以及陕西宝鸡市凤翔县长青镇工业园区儿童血铅超标事件，即是环境污染引发群体性事件的典型。这些案件在造成重大人员伤亡的同时，也带来了严重的直接和间接经济损失，大大损害了公众环境权益，甚至威胁到国家的安定团结。

2009 年广东"番禺事件"。2009 年 11 月 23 日，几百名反对建设垃圾焚烧厂的番禺居民赶到城管委和信访局上访，随后到广州市政府门前"散步"。之后，番禺区领导承诺：如果环境评估通不过或者大多数居民反对，番禺生活垃圾焚烧厂就不会动工。

2010 年广东"佛山事件"。2010 年 1 月广东佛山高明区网友、市民，以及南海区西樵镇市民等自发聚集在一起，以建议当地政府加强西江规划协调、保护并改善西江高明段两岸环境为目的，开展了"戴口罩巡游活动"。此次活动人数达 400 多人，巡游时，市民高呼"保卫家园、反对污染"等口号，以表达对南海区江南发电厂欲建污泥焚烧项目的抗议。

2011 年大连"PX 事件"。2011 年 8 月 14 日上午，因担心"福佳大化 PX 项目"产生危害，上万大连市民到位于人民广场的市政府集会请愿，高呼口号游行示威，并形成警民对峙。当天下午，大连市委市政府作出决定：该 PX 项目立即停产并尽快搬迁。

2011年浙江"海宁事件"。2011年9月15日晚，海宁县袁花镇500余名群众聚集在晶科能源公司门前，就环境污染问题讨要说法，部分人员将停放在公司内的8辆汽车掀翻，造成财物受损。17日晚，数千群众再次聚集，砸毁公司招牌及部分设施，当地出动特警维持秩序。

2012年四川"什邡事件"。2012年7月2日，因担心"钼铜项目"带来污染，什邡居民集会、游行、示威并冲击党政机关，最终导致警民冲突，部分群众、民警、机关工作人员受伤。7月3日，什邡市委宣传部召开新闻发布会，称"停止该建设，今后不再建设这个项目"。

2012年江苏"启东事件"。2012年7月28日上午，因担心"南通大型达标水排海基础设施工程"带来污染，江苏启东上千市民占据市委、市政府大楼，损坏办公物品和车辆，并形成警民对峙局面。12时左右，南通市紧急宣布"永久取消"该项目，群众陆续撤离、事件逐渐平息。

2012年浙江"宁波事件"。2012年10月26日至28日，浙江宁波镇海炼化扩建一体化项目引发群众上访和集聚，警方当场扣留51人，其中13人已被采取刑事强制措施。当地官方称，宁波市经与项目投资方研究决定：坚决不上PX项目；炼化一体化项目前期工作停止推进，再作科学论证。

据2011年召开的全国"水污染司法和行政执法研讨会"透露，"我国因环境问题引发的群体性事件以年均29％的速度递增"。在国家政策对环保价值日益认可与重视的今天，为什么反而发生类似事件呢？主要还是因为目前生产总值仍然是很多地方政府政绩的重要考核指标。同时，利益集团严重影响甚至控制着环境决策和执法，造成资本挟持环境治理。在这样公众参与缺失和环境正义缺失的状态下，生态决策已经成为地方政府和利益集团之间配合默契的双簧表演。可见，这些引人注目的公共环境事件，已经严重危及政府的公信力，更反映了当前我国政府承担生态决策责任的必然性。

二、政府生态决策责任的立法进程及实践困境

生态决策思想开始于20世纪六七十年代，以后迅速发展起来。《我们的未来》报告中指出，"各国政府现在应该开始使其关键的国家的、经济和专业的机构直接地负起责任，保证它们的政策、规划和预算支持经济上和生态上的可持续发展……进一步说，政府的主要中央经济与专业部门，现在就应承担直接的责任和义务，保证它们的政策、项目和预算不但促进经济上的可持续发展，而且也促进生态上的可持续发展"。

（一）政府生态决策责任的立法进程

我国的生态决策责任法律制度是在借鉴国外经验、结合我国的具体国情的模式下逐步发展起来的。它经历了由企业承担生态决策责任到由政府和企业共同承担生态决策责任的过程。

我国在 1979 年的《环境保护法（试行）》中吸取了国外的先进经验和有益做法，原则规定了扩、改、新建工程时，必须要提出环境影响报告书，首次把建设项目的环境影响评价作为法律制度确定下来，这标志着环境影响评价制度的正式确立。

1980 年的《基本建设项目环境保护管理办法》规定了环境影响评价的程序、范围和内容。1981 年和 1986 年又两度对该办法进行了修订，使之更加完善。

1989 年的《环境保护法》第 4 条规定，"国家制定的环境保护规划必须纳入国民经济和社会发展计划，国家采取有利于环境保护的经济、技术政策和措施，使环境保护工作同经济建设和社会发展相协调"。这是制定环境与发展综合决策的法律依据。

1992 年 8 月，为落实 1992 年联合国环境与发展大会要求，我国政府颁布了《环境与发展十大对策》，明确要求"实行可持续发展战略"，"参照环境与发展大会精神，制定我国行动计划"等。

1993 年国家环保局在《关于进一步做好建设项目环境保护管理工作的几点意见》中，提出了区域环境影响评价的基本原则和管理程序。

1994 年《中国 21 世纪议程——中国 21 世纪人口、环境与发展白皮书》强调，"建立有利于可持续发展的综合决策机制……以保证可持续发展战略目标的顺利实现"。

1996 年国务院出台的《关于环境保护的若干问题的决定》指出，"在制订区域和资源开发、城市发展和行业发展规划，调整产业结构和生产力布局等经济建设和社会发展重大决策时，必须综合考虑经济、社会和环境效益，进行环境影响论证"。

1998 年国务院发布了《建设项目环境保护管理条例》。该条例对环境影响评价的分类、适用范围、程序、环境影响报告书的内容及相应的法律责任等都做了明确规定。

1998 年，国家环保总局将建立环境与发展综合决策制度列入《全国环境保护工作（1998—2002）纲要》。

2000 年国务院发布的《全国生态环境保护纲要》提出，"建立经济社会发展与生态环境保护综合决策机制……制定重大经济技术政策、社会发展规划、经济发展计划时，应依据生态功能区划，充分考虑生态环境影响问题"。

2001 年国务院批复的《国家环境保护"十五"计划》中，明确要求"进一步建立环境与发展综合决策机制，处理好经济建设与人口、资源、环境之间的关系，完善和强化环境保护规划和实施体系，探索开展对重大经济和技术政策、发展规划以及重大经济和流域开发计划的环境影响评价，使综合决策作到规范化、制度化"。这是要求制定环境影响评价法律的最新依据。

2003 年 9 月 1 日，《环境影响评价法》正式出台，作为国家对环境影响评价制度的最高立法，它对环境影响评价制度作出了更加系统、完整和明确的规定，最终从国家法律的高度肯定了这项制度。为更好贯彻实施《环境影响评价法》，我国又先后于 2006 年颁布了《环境影响评价公众参与暂行办法》、2009 年颁布了《规划环境影响评价条例》等法规。

2005 年《国务院关于落实科学发展观加强环境保护的决定》明确要求，"建立环境保护综合决策机制，完善环保部门统一监督管理、有关部门分工负责的环境保护协调机制……必须依照国家规定对各类开发建设规划进行环境影响评价。对环境有重大影响的决策，应当进行环境影响论证……对涉及公众环境权益的发展规划和建设项目，通过听证会、论证会或社会公示等形式，听取公众意见，强化社会监督"。

2008 年 4 月 1 日开始实施修订后的《节约能源法》，修订后的《节约能源法》强调，国务院和县级以上地方各级人民政府应当将节能工作纳入国民经济和社会发展规划、年度计划，并组织编制和实施节能中长期专项规划、年度节能计划。

可见，我国在政策层面对政府生态决策责任很早就作出了要求，但一直在法律、法规方面没有明确具体的规定，2003 年《环境影响评价法》的实施，是我国环境立法最重大的进展，意味着今后政府的"规划"也必须和企业建设项目一样做"环评"，即政府也要承担生态决策责任。

（二）政府生态决策责任的实践困境

一些环保专家认为，《环境影响评价法》是我国第一部真正体现环境保护预防为主思想的法律，是一项"战略环评"制度，它最大的突破是将过去仅仅停留在对单个建设项目的环境影响评价扩展到了对政府规划的层次上。他们认为，把对规划的环评纳入法律意味着拿到了一把钥匙约束政府的行为，把住了规划的环评环节，在很大程度上也就控制住了政策对环境的不良影响，可以从决策的源头防止环境污染和生态破坏，进而从根本上控制生态环境问题的产生，把环境问题堵截在行动之前。但近几年出现的，从"环评风暴"环境问责"高高举起又轻轻落下"所暴露的缺乏有威慑力的责任追究条款，到环保维权群体性所反映出的公众参与渠道不畅、社会监督乏力，再到政策环评的严重缺位，暴露出《环境影响评价法》在实践中的缺陷已不能忽视，更不容回避。

（1）政府生态决策责任的范围偏窄。

根据《环境影响评价法》的规定，环境影响评价的对象包括法定应当进行环境影响评价的规划和建设项目两大类，其中，法定应当对政府进行环境影响评价的规划主要是指国务院有关部门、设区的市级以上地方人民政府及其有关部门，组织编制的土地利用的有关规划，区域、流域、海域的建设、开发利用规划（第7条）；国务院有关部门、设区的市级以上地方人民政府及其有关部门，组织编制的工业、农业、畜牧业、林业、能源、水利、交通、城市建设、旅游、自然资源开发的有关专项规划（第8条）。然而，遗憾的是，《环境影响评价法》在规定环境影响评价对象时并没有纳入政策和计划。一份好的环评报告需要有之前的计划及其相关的政策作为依据相支撑，或者说，一份环评报告需要的是环环相扣的决策链，即"政策—规划—计划—项目"。虽然规划对于环评而言非常重要，但是规划也不能解决所有问题，并且，没有之前的计划及相关政策作为依据，就不能依据规划而进行相关的项目。这也许是《环境影响评价法》遗留的法律漏洞，要更好地解决环评问题，还需要相关的司法解释与之相配套。因此，无论从理论上或实践上都有必要进一步充实，使环境影响评价从点源评价扩大到面源评价，从微观层面到宏观层面进行评价。

（2）公众参与政府生态决策机制不健全。

公众参与是环境影响评价中不可或缺的一个环节。《环境影响评价法》于2003年9月正式实施，但是近年来未能阻止环境群体事件的频发，原因在于现有的政府生态决策机制不能满足民众需要，民众利益表达渠道不畅。《环境影响评价法》虽然规定"国家鼓励有关单位、专家和公众以适当方式参与环境影响评价"，但该法对法律实践中必须明确的一些内容，如公众如何参与、通过什么方式参与及在哪些阶段参与、公众参与的范围、如何保障公众参与等依然缺少具体规定。结果导致目前环评中的公众参与多流于形式，很多都成了走过场，公众参与并没有起到预期的效果。公众参与政府生态决策机制不健全主要表现在以下三个方面。

第一，公众参与意识不强烈。虽然《环境影响评价公众参与暂行办法》第8条规定，"建设单位应当在确定了承担环境影响评价工作的环境影响评价机构后7日内"向公众告知项目相关信息，但大多数公众对相关的环评并不感兴趣，甚至有些想参加，但由于相关的规定太过于法律化，一般的民众根本不理解是什么意思，并且，现在建设单位所履行的公告也过于形式化，所以，很少有公众参与的积极氛围。

第二，信息渠道不畅通。《环境影响评价公众参与暂行办法》第10条规定，"建设单位或者其委托的环境影响评价机构，可以采取以下一种或者多种方式发布信息公告：（一）在建设项目所在地的公共媒体上发布公告；（二）公开免费发放包含有关公告信息的印刷品；（三）其他便利公众知情的信息公告方式"。该条规定的发布信息的渠道大多数是公众所不熟知的，并且，这种发布信息的渠道的选择权在建设单位而不是公众，该办法虽然规定了一些途径，但是这些途径是有弹性的，而不是强制性的。除此之外，《环境影响评价公众参与暂行办法》第12条规定了公布的期限为10天，这个期限相对较短，不足以让公众充分了解相关的信息。

第三，公众无权决定是否举行听证会。《环境影响评价法》第21条规定，"除国家规定需要保密的情形外，对环境可能造成重大影响，应当编制环境影响报告书的建设项目，建设单位应当在报批建设项目环境影响报告书前，举行论证会、听证会，或者采取其他形式，征求有关单位、专家和公众的意见"。由此可以看出，当某项目对环境可能造成重大影响、应当编制环境影响报告书时，才采取论证会、听证会等，并且，启动听证程序的也是建设单位。因此，公众无权决定是否举行听证会。

（3）政府生态决策责任追究欠缺。

我国《环境影响评价法》对政府生态决策责任追究机制的欠缺主要表现为以下两个方面。

第一，承担法律责任的方式单一。《环境影响评价法》第四章规定法律责任，共有7条，承担方式大多是行政处分。例如，第29条和第30条的相关规定，都是规定规划编制机关、规划审批机关的违法行为承担责任的方式，即对直接负责的主管人员和其他直接责任人员，由上级机关或者监察机关依法给予行政处分，并且，并没有明确具体的行政处分，只是笼统地规定给予行政处分。又如，第31条所规定的建设单位承担法律责任的方式也是相对单一的，即第1款规定：建设单位未依法报批建设项目环境影响评价文件，或者未依照该法第24条的规定重新报批或者报请重新审核环境影响评价文件，擅自开工建设的，由有权审批该项目环境影响评价文件的环境保护行政主管部门责令停止建设，限期补办手续；逾期不补办手续的，可以处5万元以上20万元以下的罚款，对建设单位直接负责的主管人员和其他直接责任人员，依法给予行政处分。第2款规定：建设项目环境影响评价文件未经批准或者未经原审批部门重新审核同意，建设单位擅自开工建设的，由有权审批该项目环境影响评价文件的环境保护行政主管部门责令停止建设，可以处5万元以上20万元以下的罚款，对建设单位直接负责的主管人员和其他直接责任人员，依法给予行政处分。可见，法律对规划编制机关和规划审批机关违法行为的法律责任追究，仅限于行政处分，与其相应行为给社会将造成的无可估量的危害明显不符，也不符合法治精神。

第二，法律责任欠缺。《环境影响评价法》第5条、第11条和第21条都对公众参与做了具体规定，但却未在法律责任章节中明确对未执行环境影响公众参与的行政主体行为追究法律责任的规定。

三、政府生态决策责任的立法完善路径

决策作为各项工作运行的起点,对社会的发展、经济的运行起着决定性的作用。生态决策是一种"绿化"的决策,是人类重新反省自身过程中的文明进步状态,也是生态文明阶段一种以保护自然生态环境,寻求人类可持续发展的理性决策形态。完善政府生态决策责任立法,就是使政府在生态决策的过程中,能有效抑制住不顾环境不顾资源的 GDP 冲动,能有效抑制住只顾本地区利益、只要眼前利益的对资源与环境的狂妄。

(一)拓展政府生态决策责任的范围

从近年来环评的推动和实施情况来看,建设项目环评难以为综合决策提供有力依据,规划环评也难以承担起"作为实施可持续发展战略的有效工具"之重任。拓展政府生态决策责任的范围势在必行。从国家政策层面来看,《中国 21 世纪议程——中国 21 世纪人口、环境与发展白皮书》要求建立可持续发展影响评价制度,明确提出了对现行重大政策和法规实施可持续发展影响评价。2005 年《国务院关于落实科学发展观加强环境保护的决定》中提出,"必须依照国家规定对各类开发建设规划进行环境影响评价。对环境有重大影响的决策,应当进行环境影响论证"。这些文件为拓展政府生态决策责任范围立法提供了政策指导。

结合我国在发展中遇到的资源环境约束,以及中央近期建设生态文明和推进节能减排工作的部署,我国目前开展政策环评已具备可行性。由于政策环评的定位更高、范围更广,其实施难度也更大,可以先从国家层面的政策做起。

为了有效地开展环评,必须首先界定政策。而相关的环评政策所涉及的范围特别广,广义的立法程序都涉及政策,即涉及立法、提案、决定、办法、计划、规划等。因此,建议所有的"法律草案"① 都应当有相关负责经办的部门或官员提供政策环境影响评价说明文件。

政策环评方式的灵活性。我们建议,政策环评方式不应该过分强调形式的正式化和制度化,而应该适应政策环评本身的特征,即适应政策环评的不确定性、范围广及多样性等特征。因此,制定政策环评的方式必须是灵活多样的。例如,对环境影响重大的部门,就必须强制制定相关的政策环评说明文件,而对于一些对环境影响不大的部门,则只需和相关部门说明意见即可。

政策环评的内容。其主要包括两大方面:一是充分考虑整体性以及长远性,

---

① "法律草案"是指所有法律(包括法规和规章)草案,提交全国人大审批的、国务院及各部门所作出的对人类环境质量具有重大影响的各项提案、建议报告及其他重大行动。

即在分析、评估和预测相关项目的政策时，必须考虑该项目对相关区域的环境产生的整体影响以及长远影响；二是充分考虑各种利益，即在分析、评估和预测相关项目的政策时，必须衡量当前利益与长远利益，以及相关的环境效益与社会效益，不能被眼前的经济利益诱惑而牺牲环境效益，我们要以长远发展的眼光来看待相关问题。

政策环评的程序。政策环评的说明书将作为制定政策的重要依据之一，所以，相关部门在上报政策草案时，应该将政策环评的相关说明一并上交，并且应该明确规定，对于应当报送而不报送的部门所呈交的政策草案一律不予以审议、审查。

（二）健全公众参与政府生态决策机制

中共十八大报告提出，"凡是涉及群众切身利益的决策都要充分听取群众意见，凡是损害群众利益的做法都要坚决防止和纠正"。《环境影响评价法》规定，"专项规划的编制机关对可能造成不良环境影响并直接涉及公众环境权益的规划，应当在该规划草案报送审批前，举行论证会、听证会，或者采取其他形式，征求有关单位、专家和公众对环境影响报告书草案的意见"；"国家鼓励有关单位、专家和公众以适当方式参与环境影响评价"。2005 年，《国务院关于落实科学发展观加强环境保护的决定》明确要求，"对涉及公众环境权益的发展规划和建设项目，通过听证会、论证会或社会公示等形式，听取公众意见，强化社会监督"。

2006 年，国家环保总局发布《环境影响评价公众参与暂行办法》，要求相关建设项目公开环境信息，征求公众意见。该办法规定了公众参与环评的具体范围、程序、方式和期限。调查公众意见、咨询专家意见、座谈会、论证会、听证会是五种公众参与环评的具体形式。信息公开和公众参与贯穿环评开始阶段、环评进行阶段和环评审批阶段。这充分说明国家非常重视维护公民的环境权益，重视公众参与环境决策。

但也应看到，公众参与政府生态决策机制尚存在我们前面分析的公众参与时机滞后、信息渠道不畅通和没有申请举行听证会的权利等弊端。因此我们应在立法中予以完善。第一，在《环境影响评价法》中，应该增加公民对宣传的相关项目进行环评的信息量，并且应该将公众参与落于实处，而不是僵硬的形式化，应该明确保障公众在每一阶段都积极参与到相关的讨论之中。第二，在《环境影响评价法》中，应该增加相关的信息宣传渠道，而不仅仅局限于几种，如网络、报纸、电台、电视等，并且在这些渠道宣传建设项目的信息时还应该明显的突出，让人容易看见。对于那些有重大影响的民众，应该在所居住的地区密集地张贴通知，以便他们充分了解相关情况。而对应张贴的期限，应该听取民众的意见，适当地给予延长。第三，在《环境影响评价法》中应该明确，对于那些与建设项目有重大利益的公民，也可以启动听证会程序，而不仅仅由建设单位来启动相关的程序。

（三）完善政府生态决策责任追究机制

完善政府生态决策责任追究机制是改革和完善环境决策机制，推进环境决策民主化、科学化、法治化的一项重要举措。一方面要按照"谁决策，谁负责"的原则制定责任、认定规则；另一方面要强化责任追究主体的地位，对错误决策和决策实施过程中发生的偏差及时进行纠正。此外，要健全决策跟踪和反馈机制，并实行责任追惩制。

因此，第一，要加大对部分违法行为的处罚力度。《环境影响评价法》第29条建议修改为"规划编制机关违反本法规定，组织环境影响评价时不负责或者弄虚作假，造成环境影响报告严重失实的，对直接负责的主管人员和其他直接责任人员由监察机关或上级机关依法给予行政处分；情节严重构成犯罪的，依法追究刑事责任"。《环境影响评价法》第30条建议修改为"规划审批机关对依法应当编写有关环境影响的篇章或者说明而未编写的规划草案，依法应当附送环境影响报告书而未附送的专项规划草案，违法予以批准的，应对直接负责的主管人员和其他直接责任人员，由上级机关或者监察机关依法给予行政处分；构成犯罪的，依法追究刑事责任"。第二，完善公众参与的法律保障责任。环保部门对未规定公众参与内容的环境影响评价报告书，应不予审批；建设单位在环境影响报告书中隐匿公众意见或对公众意见作虚假记录的，应由被授予环境影响评价资格的环境保护主管部门吊销其评价资格证书，处以罚款，并依法追究主要责任人员的行政责任；建设单位对公众的合理意见不予采纳而开工建设的，应由环境保护主管部门责令停止生产，处以罚款，并依法追究主要责任人员的行政责任（宋惠玲和阿海峰，2005）。

第三节　政府的生态考核责任

十八大报告提出，"要把资源消耗、环境损害、生态效益纳入经济社会发展评价体系，建立体现生态文明要求的目标体系、考核办法、奖惩机制"。大力推进生态文明建设，需要一系列有效措施、制度来支撑，这其中，增加生态文明在考核评价中的权重，把资源消耗、环境损害、生态效益等指标纳入经济社会发展评价体系，显得尤为重要。在完善经济发展、社会进步、改善民生、人的全面发展指标的同时，应完善生态环境保护指标，硬化对政府的生态责任的考核，引导正确的政绩观。

一、生态考核的内涵解读

从 20 世纪 70 年代开始，西方学者、政府和国际研究机构对生态考核进行了大量细致而卓有成效的研究，包括对生态考核的基础理论、核算体系、核算方法等诸多领域的研究。

为了能够对经济增长与资源环境压力之间的对应关系进行定量测算与反映，在 1971 年，美国麻省理工学院提出了"生态需求指标"并进行了利用，特别是，这一指标也在 1986 年被外国学者作为布伦特兰报告的思想先锋。除此之外，诺贝尔经济学奖获得者——托宾和诺德豪斯，在 1972 年提出了"净经济福利指标"①；卢佩托等也相继在 1989 年提出了"净国内生产指标"②。

1973 年，日本政府提出了净国民福利指标（net national welfare），将环境污染列入政府绩效考虑当中，并制定出每一项污染的允许标准，如果某一指标超过污染标准，就必须列出改善的所需经费，这些改善经费须从 GDP 中扣除。

1993 年，联合国统计局和世界银行合作推出了一个系统的环境经济账户，将环境问题纳入正在修订的国民经济账户体系框架中。

1994 年，欧洲统计局开展了绿色国民经济核算计划"欧洲环境的经济信息收集体系"（European System for the Collection of Economic Information on the Environment，即 SERIEE 体系）的研究。运用可持续发展的理念，以卫星账户的方式将环境保护活动与国民收入账户进行联结，设计出了环境与资源整合核算体系。

1996 年 Wackernagel 等又提出了"生态足迹"度量指标，用它来计算在一定的人口和经济规模条件下，维持自然资源消费和废弃物吸收所必须满足的生产土地面积。从全球范围来看，人类是在耗竭自然资产存量的，目前人类使用的"生态足迹"的比重已经超过全球生态承载能力的 27.8%，高出参考值 12.8 百分点。

1997 年，Constanza 和 Lubchenco 等系统地设计了"生态服务指标体系"，该指标体系用来测算全球自然环境为人类所提供的服务的价值。他们把全球生态系统提供给人类的"生态服务"功能分为 17 种类型，并把全球生态系统分为 20 个生物群落区。该指标体系具有较高的科学价值，因为它可以帮助人类更加深刻地理解人与自然之间的关系，揭示可持续发展的本质内涵。

---

① 净经济福利指标是由托宾和诺德豪斯（诺贝尔经济学奖获得者）在 1972 年提出的，建议从 GDP 中扣除城市中的环境污染等经济行为所产生的社会成本，并增加一直被忽略的家政活动、社会义务、自愿者服务等经济活动核算。

② 净国内生产指标是由卢佩托等在 1989 年提出的，该指标将自然资源的耗损与经济增长之间的关系作为重点考虑的对象。

1998 年，Bartelmus 在环境核算研究方面综合了国际收入与财富研究会的主要成果，提出了综合环境与经济核算的框架、理论与方法、绿色方法分析的方法体系等。

1999 年，Markandya 和 Pavan 等对荷兰、德国、意大利、英国四个欧洲国家的绿色国民经济核算实践进行分析。他们指出，收集关于环境污染的福利效应和消耗的自然资源价值的信息主要有两个用途。第一个用途是调整 GDP，为绿色国民收入的核算提供一种替代的方法，也即核算绿色国民生产净值；另一个用途是汇编卫星账户，建立污染排放账户。

2000 年，Hartwick 从宏观经济角度系统地研究了将环境资本纳入国民经济核算体系应发生的变化和经济分析方法的改良。

中国对生态考核的研究及实践较晚，基本处于研究和初步试验的应用阶段。

1998 年，国家环保总局利用世界银行"扩展的财富"的思想、概念和计算方法，对 1978 年以来中国的国民储蓄率进了计算与分析。

2001 年，国家统计局试编了全国自然资源实物量表，具体包括土地、矿产、森林和水资源四种自然资源，基本上掌握了这四种资源的存量关系和结构分布状况。

2003 年年初，国家统计局又对全国的土地、矿产、森林和水等自然资源进行了实物量核算，这一核算为绿色 GDP 的核算和实施创造了有利条件。

2004 年，联合国统计署"绿色 GDP"（绿色 GDP＝GDP－固定资产折旧－资源环境成本）概念被引入中国。2014 年 3 月，国家统计局和国家环保部联合启动了"中国绿色国民经济核算研究"项目，成立了绿色 GDP 核算课题组，随后在北京、天津、重庆、河北、辽宁、安徽、浙江、四川、广东和海南 10 个省市开展了绿色国民经济核算和污染损失评估调查试点工作。2006 年 9 月，中国第一份经环境污染调整的 GDP 核算研究报告——《中国绿色国民经济核算研究报告 2004》首次公布，初步建立了中国绿色 GDP 核算体系框架，包括环境实物量核算、环境价值量核算、环境保护投入产出核算及经环境调整的绿色 GDP 核算四个具体的核算框架。

这一时期，中国学者也积极开展了对生态考核的理论研究，并取得了一些研究进展，具体如下：杨缅昆（2001）运用庇古福利经济思想的理论，分析了外部环境影响的概念和环境的核算问题，讨论了绿色 GDP 核算理论公式的构建。杨多贵和周志田（2005）对"绿色 GDP"理论的进展进行了分析和总结，评价了 20 世纪 70 年代以来国际社会对 GDP 进行修正的成果。李健和陈力洁（2005）等对绿色 GDP 理论的形成与发展进行了阐述，并探讨了中国绿色 GDP 的核算对策和措施。司武飞和周浩（2005）提出了绿色 GDP 核算理论前提假设，也就是环境资源资产假设，具体包括环境资源稀缺假设、生态经济人假设、环境资源有价假设等。王金南等（2005）提出了构建绿色 GDP 核算体系的基本原则，并介绍了绿色 GDP 研究成果和运用实践时的障碍。陈梦根（2005）在介绍绿色 GDP 理论基础的同时又对绿色 GDP 的两种计算思路进行分析，并指出了间接计算思路下的 GDP 调整项的内涵。陈念东等（2005）也指出绿色 GDP 作为单一的绿色总量指标，没有展示不同经济活动与环境要素之间的关系，仅仅纳入资源环境和社会福利对可持续发展的范畴，应对环境经济核算作进一步的探索。

可见，我国对生态考核的研究与应用都刚刚起步，要实行绿色 GDP 核算的道路还很漫长，许多观念性和技术性的难题尚待研究与解决。而将生态考核纳入政府绩效考核评价指标体系当中更需要付出艰辛的努力与探索。

二、我国政府生态责任考核现状剖析

目前我国政府生态责任的考核机制尚未真正建立，对政府的考核机制正在从单向评估向多向评估转变。传统的政府政绩考核机制导致经济与社会发展失衡、区域经济发展失衡、经济发展和生态环境失衡的发展现状。因此，树立科学的发展观和政绩观，在当下成为一项迫切的需要。

（一）我国政府生态责任考核的相关法律政策

2002 年 1 月 1 日起实施的《中华人民共和国防沙治沙法》（简称《防沙治沙法》）第一章第 4 条规定，"国家在沙化土地所在地区，建立政府行政领导防沙治沙任期目标责任考核奖惩制度"。这是我国首次以法定形式把生态责任纳入政府的业绩考核之中。

随着经济的不断增长，环境问题越来越突出，为了防止这种现象的恶化，国家环保总局掀起了"环保风暴"[①]。另外，解振华同志对中共十六届五中全会提出的"要加快建设资源节约型、环境友好型社会"进行了分析，其中包括建立领导干部环保政绩考核制度。为了推行该制度，还专门进行了试点，即在四川、内蒙古和浙江三省区进行试点。试点期间，"生态环境保护建设"作为省区的官员政绩考核项目被列入其中。

2005 年颁布的《国务院关于落实科学发展观加强环境保护的决定》明确提

---

① "环保风暴"：a. 2005 年 1 月 18 日，国家环保总局宣布停建金沙江溪洛渡水电站等 13 个省市的 30 个违法开工项目，并表示要严肃环保法律法规，严格环境准入，彻底遏制低水平重复建设和无序建设。第一次环保风暴发威。b. 2006 年 2 月 7 日，国家环保总局打出重拳，从即日起，对 9 省 11 家布设在江河水边的环境问题突出企业实施挂牌督办；对 127 个投资共约 4 500 亿元的化工石化类项目进行环境风险排查；对 10 个投资共约 290 亿元的违法建设项目进行查处。这是第二次环保风暴。c. 2007 年 1 月 10 日，国家环保总局又一次掀起"环保风暴"，涉及 1 123 亿元投资的 82 个项目被叫停。国家环保总局吸取前两次风暴中的教训，采用"相对有效的措施"，即"区域限批"，这是环保部门成立近 30 年来首次启用这一行政惩罚手段。

出，要落实环境保护领导责任制；要把环境保护作为领导班子和领导干部考核的重要内容，并将考核情况作为干部选拔任用和奖惩的依据之一；地方人民政府主要领导和有关部门主要负责人是本行政区域和本系统环境保护的第一责任人，政府和部门都要有一位领导分管环保工作，确保认识到位、责任到位、措施到位、投入到位；坚持和完善地方各级人民政府环境目标责任制，对环境保护主要任务和指标实行年度目标管理，定期进行考核，并公布考核结果；建立问责制，切实解决地方保护主义干预环境执法的问题；对因决策失误造成重大环境事故、严重干扰正常环境执法的领导干部和公职人员，要追究责任。

为了进一步贯彻落实科学发展观要求，进一步提供制度保证，2006年中央组织部出台《体现科学发展观要求的地方党政领导班子和领导干部综合考核评价试行办法》，应用民主推荐、民主测评、民意调查、实绩分析、个别谈话、综合评价这六种方法选拔任用县级以上地方党政领导班子及其成员。

为了加强环境保护工作，惩处环境保护违法违纪行为，促进环境保护法律法规的贯彻实施，根据《环境保护法》《中华人民共和国行政监察法》及其他有关法律、法规，国家环保总局制定了《环境保护违法违纪行为处分暂行规定》。该规定也是我国有关环境保护处分的首次专门规章，共有16条，将环保问责，直接到人。

为了推动全社会节约能源，提高能源利用效率，保护和改善环境，促进经济社会全面协调可持续发展，全国人民代表大会制定了《节约能源法》。2008年4月1日开始实施的修订后的《节约能源法》与原《节约能源法》相比，在扩大法律调整的范围的同时，还设立了一系列节能管理制度，如增加了建筑节能、交通运输节能、公共机构节能等。其具体体现如下：①节能目标责任制和节能考核评价制度。新《节约能源法》第6条规定，国家实行节能目标责任制和节能考核评价制度，将节能目标完成情况作为对地方人民政府及其负责人考核评价的内容。省、自治区、直辖市人民政府每年向国务院报告节能目标责任的履行情况。②固定资产投资项目节能评估和审查制度。新《节约能源法》第15条规定，国家实行固定资产投资项目节能评估和审查制度。不符合强制性节能标准的项目，依法负责项目审批或者核准的机关不得批准或者核准建设；建设单位不得开工建设；已经建成的，不得投入生产、使用。具体办法由国务院管理节能工作的部门会同国务院有关部门制定。③落后高耗能产品、设备和生产工艺淘汰制度。新《节约能源法》第16条规定，国家对落后的耗能过高的用能产品、设备和生产工艺实行淘汰制度。淘汰的用能产品、设备、生产工艺的目录和实施办法，由国务院管理节能工作的部门会同国务院有关部门制定并公布。生产过程中耗能高的产品的生产单位，应当执行单位产品能耗限额标准。对超过单位产品能耗限额标准用能的生产单位，由管理节能工作的部门按照国务院规定的权限责令限期治理。对高耗能的特种设备，按照国务院的规定实行节能审查和监管。第 17 条规定，禁止生产、进口、销售国家明令淘汰或者不符合强制性能源效率标准的用能产品、设备；禁止使用国家明令淘汰的用能设备、生产工艺。④重点用能单位节能管理制度。新《节约能源法》专门设立第六节规定重点用能单位节能，从第 52 条至第 55 条分别规定了哪些单位是重点用能单位、重点用能单位的节能减排措施等。⑤节能表彰奖励制度。新《节约能源法》第五章设立了相应的激励措施，从第 60 条至第 67 条，共 8 条规定。其中，第 67 条规定，各级人民政府对在节能管理、节能科学技术研究和推广应用中有显著成绩以及检举严重浪费能源行为的单位和个人，给予表彰和奖励。

另外，"十一五"期间，我国中央政府在节能减排主题下，强力推出万元 GDP 能源消耗、万元 GDP 污染物排放等考核指标，并制定了具体减排的目标，将"绿色指标"纳入政府政绩考核之中。

（二）政府政绩考核实践中生态责任的缺失

尽管在政府生态责任考核中，我国已经有相关立法政策来进行规制，并在"十一五"和"十二五"规划中都提出"绿色指标"的考核具体要求，但由于相关法律法规还不完善，政府的生态责任考核一直游离于政府政绩考核实践之外。其具体表现为以下三个方面。

（1）过度重视经济绩效指标。政府在生态责任考核中，进行绩效考核的目的是激励政府各部门重点关注生态环境，而不是一味地追求经济效益。但是，在具体的实践中，由于将经济绩效考核纳入其中，地方政府面对经济指标的光环，一味地追求经济绩效，而忽视非经济绩效指标，过分追求以经济增长来压倒一切指标，使其成为重点关注的对象。这种片面化、简单化考核机制进一步恶化了人与环境的关系，同时也加重了经济与社会、城市与农村、区域之间、人与自然的失衡。

（2）重显性政绩考核轻隐性政绩考核。重视短期政绩被西方学者称为"政治固有的近视"。由于隐性政绩需要各级政府投入很大精力，需要一个比较长的时间周期才能显现，同时这种隐性政绩又不容易被上级政府觉察，且难以量化考核，而又由于干部的考核任职周期较短，必须在有限的时间内作出那些看得见的、有轰动效应的显性政绩，所以干部很热衷一些能够尽快出成绩、具有轰动效应的政绩工程，盲目铺摊子，搞所谓的"大手笔"，上马一些所谓的"短平快"项目，只重速度，不重质量，只重发展，不计污染，不顾代价，过度开发，甚至将人民群众的公共安全置之度外。短视的政绩观，违背了社会经济发展的规律，必然导致资源的过度开发利用与浪费，自然和生态环境的严重污染和破坏，经济社会的失调发展（梁学轩，2006）。

（3）过度重视局部利益。对于局部与整体的关系，辩证唯物主义认为，二者是对立统一的。正确处理好全局与局部，也就是整体与部分的关系，对于科学地认识世界和改造世界具有重要意义。不能忽视整体或者是不从整体出发，一味追求局部利益，只顾本地区、本部门单位的发展，而忽视各个地区、各个部门之间的协调发展及各产业之间的关联发展。这种各自为政、以邻为壑、重视城市的发展，忽视"三农"问题等现象，也是与过度重视经济绩效相关联的。各地区为了提高本地区的经济绩效，一味地只重视经济效益高的部门和产业的发展，不重视各部门和各产业之间的关联发展，在本地区或者本部门搞小部门、小团体利益。这些不良的现象必定会滋生地方保护主义，同时造成一些重复建设、恶性竞争，最终会出现有损于自然资源和环境的高投入、高消耗、低产出、低效率的粗放型增长方式。

因此，将生态文明纳入政府的政绩考核之中，既是十八大提出的要求，也将在很大程度上丰富我国政府绩效评估体系，它是落实科学发展观、构建和谐社会理念的实际体现。

三、政府生态责任考核法律制度的完善路径

十八大报告将生态文明建设放在突出位置，并提出大力推进生态文明建设。大力推进生态文明建设，增加生态文明在政府政绩考核评价中的权重，把资源消耗、环境损害、生态效益等指标纳入经济社会发展评价体系，显得尤为重要。因为必须通过生态责任考核，才能将经济发展作为主要标准的观念转变为以"五位一体"为主要标准的政绩观念上来，这也是实现生态文明的重要一步。

（一）考核理念上：确立生态文明政绩观

十八大报告把中国特色社会主义事业总体布局由"四位一体"拓展为"五位一体"，这是对科学发展观的丰富和发展。生态文明不仅意味着全新的发展观，也意味着全新的政绩观。它不仅关注经济发展的数量、规模和发展速度，而且更加关注发展的质量、效益和可持续性。传统的政绩观单纯追求经济的高速增长，而不顾由此带来的资源耗竭、环境污染和生态破坏的惨痛代价，其后果是十分惊人的。生态文明政绩观，意味着将经济增长与环境保护统一起来，综合性地反映国民经济活动的成果与代价。生态文明政绩观的实施，有利于加强社会的资源环境保护意识，增强政府对资源环境的保护力度，提高区域可持续发展能力，弥补当前单纯以经济发展为中心的不利之处。

在政府生态责任的考核理念上树立生态文明政绩观必须做到以下四个方面（邓新杰和朱晓荣，2010）：①注重"经济性"评估。这并不是要求重回传统的政绩观，即单纯追求经济的高速增长，而不顾由此带来的资源耗竭、环境污染和生

态破坏的惨痛代价。相反，这里注重的"经济性"评估是需要在注重提高服务质量的前提下，以最低的成本取得最大的产出或者提供最优质的服务，所要树立的形象是努力实现速度和结构、质量、效益相统一，经济发展和人口、资源、环境相协调，不断保护和增强发展的可持续性。②注重"效率性"评估。既然有高质量的优质服务，当然也就需要注重高效率的产出。而所谓的科学的政绩评估体系就是要求政府在抓经济发展的同时，也要注意保护生态环境、节约资源，并向低消耗、高利用、低排放的集约型模式前进，始终坚持发展的可持续性。③注重"效果性"评估。现行的政绩评估体制形式上过于单一，主要关注的是上级对下级的评估，而缺乏人民群众和专门评估机构对政府绩效的评估，导致人民群众的监督失去意义，也导致政府因缺乏监督而放松对生态环境的保护，最终导致人民对社会发展、对政府失去信任，因此，面对这种单一的体制，我们必须关注组织工作的质量和社会最终结果，关注人民满意程度和社会经济的可持续发展进程。④注重"公平性"评估。社会公平是生态文明政绩观中的重要指标。要求在政绩评估中充分关注公平性，即要充分考虑公众关心的问题、接受服务的团体或个人是否得到公平的待遇，同时也要关注目前潜在的社会危机——贫富两极分化问题。

（二）考核主体上：构建多元化的评估主体

我国现行政府生态考核责任制度中，处于核心地位的就是政府生态保护目标责任制。该项制度的根本缺陷就是生态目标责任制的确立、实施和考核等诸多环节均在地方政府内部运行。但是由于上下级地方政府之间存在共同的利益倾向，不同地方政府之间的这种利益共同性在一定程度上抹去了他们之间责任的差异。这种责任考核制度实为地方政府之间单一主体的自我考核制度。在缺乏外部约束的情形下，任何主体的自我考核仅仅流于形式。

因此，在生态目标责任考核制度的设计上，必须构建对地方政府起约束作用的多元化的评估主体。其中包括以下内容：①中央政府参与。中央政府作为国家管理的顶层设计者，是最具权威性的政治机构。中央政府拥有许多对地方政府的管辖控制权，有权监督地方政府的工作，有权纠正地方政府不适当的行为。中央政府参与环境保护绩效考核可随机抽查各地环境质量状况，如发现某地的环境指标不符合要求，中央政府惩处的不是该地的基层政府，而是省级政府。这样就会督促地方政府在垂直管理上，形成层层监督的考核机制，强化地方政府的环保职能。②公众的参与。公众是环境资源的所有者，是环境最大的利益相关者，拥有保护环境的最大动机，只要有合适的渠道，就能释放出巨大的能量。在环保等公共事务上，市场向来是失灵的，转型期的政府对公共事务的管理往往力不从心，这就需要依赖公众的力量（潘岳，2006）。早在中央1998年的计划生育和环境保护工作座谈会上提出的四项环境保护制度就有建立和完善公众参与制度，鼓励群众参与和保护环境，并加强社会舆论监督。相比"十五"，《"十一五"城市环境综合整治定量考核指标实施细则》增加了"公众对城市环境保护的满意率"这项指标，使"城考"指标与老百姓的生活更加亲近。政绩评价的公认性、实践性、科学性要求必须以人民利益标准来检验政绩，把群众满意作为第一追求。③环保非政府组织（Non-Govermental Organizations，NGO）的参与。NGO作为一种非政府组织，具有非营利性、非政府性和志愿性等方面的属性。NGO不是以利润动机、权力原则为驱动，而是为了公共利益、以志愿精神为背景的利他主义和互助主义为动力来运作的，并且它们都是民间团体，是由人们自愿动员起来组成的（李莉，2006）。由于市场在公共服务资源配置上的缺陷，政府理所当然成为弥补市场缺陷的重要选择，但不是唯一选择。随着社会经济的发展，人们对公共服务资源的需求愈加强烈，由此造成政府对公共服务资源的供给不足，从而带来人们对政府能力的信任危机。因此，在解决市场缺陷时还要依靠其他力量。NGO代言公众权益，其产生的目的就是补充政府在公共服务资源供给上的不足。NGO在参与环境绩效的考核上，更具专业性和社会影响力，可以有效监督地方政府的生态责任的实施（孙晓伟，2010）。

（三）考核内容上：设计定性与定量相结合的科学评估体系

定性评估是对政府工作绩效进行质的鉴别并确定等级，借助于对事物的经验、知识、观察及对发展变化规律的了解，进行分析、判断；定量评估是对政府的工作绩效进行量的鉴别并确定等级，主要是在测量的基础上，运用统计和数学方法，对测量所得出的数据进行整理和分析（范柏乃，2004）。

在考核的内容上，过去的政绩考核所采用的方法也是单一的，大多采用定性的方法，而这种方法是借助于对事物的经验、知识、观察及对发展变化规律的了解，进行分析、判断，从而来对政府工作绩效进行质的鉴别并确定等级的。也正是由于这种方法往往是凭学识、凭经验、凭印象、凭个人感情或跟着感觉走，容易得出一些缺乏数据支持和不科学的分析测评，或者是说，缺乏对数据的收集、忽视微观和具体的数据分析。这种只注重从宏观上和总体上对政府工作绩效水平进行把握和审视的方法，往往会导致结果的主观性，难以体现政府的实际绩效水平。而建立科学评价体系，就必须将定性评估和定量评估相结合。定量评估主要是在测量的基础上，运用统计和数学方法，对测量所得出的数据进行整理和分析。这种方法不受各种主观因素干扰，会依据所测量的数据客观公正地判断出政府绩效水平和存在的不足。这样，定量评估就可以弥补定性评估的不足。当然，只有定量评估也不行，因为有时对其进行考核时，也需要借助于对事物的经验、知识、观察及对发展变化规律的了解进行分析、判断，所以，必须精巧设计将定性评估与定量评估结合在一起的全面、整体的评估，即采用不同的定量方法对评估结果进行印证和补充，弥补单纯定性分析和单纯定量分析产生的不足。这种设计更应该应用于一些既注重专业部门的量化考核，又重视广大人民群众的切身感受的考核之中①。

政府生态责任考核采用定性＋定量模式，一方面可以拔掉 GDP 崇拜根子，淡化 GDP 指标，强化节能减排刚性约束，同时民生、环保、社会发展的主要指标也相应地大大增加，可以凸显"环境问题是底线"的原则；另一方面能够治理"攀比造假"源头。对不同地区的政府生态责任实行分类考核，在达标进度上不搞一刀切，不搞齐步走；因地制宜地确定不同的生态责任考核目标，有效防止脱离实际，片面追求高指标、高速度，导致发展失衡。

第四节　政府的生态监管责任

党的十八大提出"加强生态监管，健全环境保护责任追究制度和环境损害赔偿制度"。加强对政府行使生态责任的监管管理，是防止其在环保方面不作为或乱作为的重要手段。许多国际组织和国内智囊机构的研究表明，导致中国生态问题的原因除了资源禀赋和发展阶段的客观因素外，主要应归因于生态监管的低效和缺位。

一、我国政府生态监管制度的演进过程

政府生态监管责任由生态监督责任和生态管理责任两部分组成，两者是相互贯通、相互依存、缺一不可的统一整体。我国政府对生态问题的监管经历了由工业化初期的监管缺位到目前的高度重视；由计划经济体制下的统一集权监管模式到市场经济体制下的依法全方位治理。

（一）第一阶段：1949 年新中国成立到 20 世纪 70 年代末

新中国成立之初，我国生态已经破坏严重。20 世纪 50 年代中期，以重工业为核心的发展模式使我国的生态污染问题开始浮现。但在当时，由于生态保护尚未成为社会共识，政府对生态问题的监管只是集中于合理开采自然资源和农业生态保护上，对于发展中的工业没有给予足够的重视。监管制度上先后出台的有1953 年颁布的《工厂安全卫生暂行条例》、1955 年颁布的《自来水水质暂行标

---

① 　这种考核是使专业部门的考核和群众评价统一起来，防止出现群众赞扬的，专业部门说不合格的，专业部门说合格的，群众又不认同，主要包括环境指标、社会指标、人文指标之类的考核。

准》等，但是法规不成熟，没有成体系，而且监管手段没有制度化，只是在某些方面借鉴了苏联的一些监管制度，同时体制上也没设立专门的生态监管机构。

进入 20 世纪 70 年代，我国生态问题已经呈现出扩散加重的趋势，政府开始出台监管计划，并在制度和体制上作出改进。1973 年，在第一次全国生态保护会议上，国务院颁布了《关于保护和改善环境的若干规定（试行）》，并通过了我国第一个生态标准——《工业"三废"试行标准》。1978 年修订《宪法》，将"保护和改善生活环境和生态环境，防治污染和其他公害"定为我国的基本国策。1979 年，我国又通过了《生态保护法》试行方案，规定了生态保护标准的制定、审批和实施权限。可以说我国在此阶段已经形成了以政府直接监管为主的监管制度，出现了生态标准制度和限期整改制度这样直接有效的监管手段。在体制方面，1974 年国务院设立了生态保护领导小组，由各部委领导组成，主管协调我国的环保政府监管工作。

（二）第二阶段：20 世纪 80 年代至今

这个阶段伴随着我国改革开放事业的加速发展，自然资源无序开采、生态污染愈加严重、生态破坏范围扩大，加强生态问题政府监管势在必行。这一时期，我国政府生态监管体系初步形成，主要表现为以下三个方面。

（1）政府生态监管法律制度逐步完善。该阶段我国的生态立法进入一个高峰期，国家连续出台了针对生态监管的一系列法律法规，如《森林法》、《水法》、《渔业法》、《土地管理法》、《矿产资源法》、《生态保护法》、《海洋生态保护法》、《大气污染防治法》、《水污染防治法》、《野生动物保护法》、《固体废物污染生态防治法》、《生态噪声污染防治法》、《放射性污染防治法》、《煤炭法》、《农业野生植物保护办法》和《循环经济促进法》等。这些法律法规的颁布，从法律制度上进一步完善了我国的政府生态监管体系。

（2）政府生态监管手段多样化、常规化。1982 年排污收费制度的出台标志着我国新的生态监管手段的出现，这时我国政府生态监管手段已经多样化，针对不同行业和地区实行适宜的生态监管制度，包括排污费收费制度、生态监测制度等，加上以前就已经开始运用的生态监管制度，我国政府在此阶段的生态直接监管手段已经趋于完整。进入 20 世纪 90 年代后，政府生态监管手段开始由单纯的直接规制转为兼顾运用经济监管制度和产权监管制度，如 1991 年国家环保局开始了排放大气污染物许可证制度，2002 年国家环保总局批准山东等七省市成为二氧化硫排污权交易的试点省市，证明我国的政府生态监管手段初步形成了一个较为完整的体系，并且政府的生态监管开始常态化和正规化。

（3）政府生态监管体制不断创新。1982 年我国在新成立的城乡建设环境保护部下面设立环保局统管全国环保工作，并在国家计划委员会内部增设国土资源局负责国土资源的规划和整治工作。1984 年以后，资源生态问题政府监管体制的垂直结构开始形成，以省级、地级、县级的生态保护局为监管核心，部门性、行业性的环保机构控制专业领域的生态污染，如冶金、化工等机构下辖的环保部门，部门性、行业性的资源机构负责监管本部门的资源开采，如渔业、林业、水利等机构。进入 20 世纪 90 年代后，随着改革的深入，借鉴西方的管理经验和模式，我国逐步形成了统一监管和分级分部门监管相结合的体制。1998 年国家环保局升级为部级单位国家环保总局，2008 年又改为环保部，标志着中国生态监管行政机构核心在不断完善自己的职能。1998 年地质矿产部、国家土地管理局、国家海洋局和国家测绘局四家部门组成了国土资源部，监管自然资源的规划、保护和合理利用。

二、我国政府生态监管"失灵"及根源分析

政府生态监管"失灵"包括政府生态监管失范和政府生态监管失误两种类型。近年来，有越来越多的生态突发事件发生，我国政府生态监管"失灵"，特别是政府生态监管失范问题日益突出。

（一）我国政府生态监管"失灵"的实证分析

我国 2004 年至 2011 年发布的环境公报表明，我国生态突发事件一直居高不下，并整体呈上升趋势。

2004 年，全国共发生 67 起突发生态事件，其中，特别重大生态事件 6 起，重大生态事件 13 起，较大生态事件 48 起。

2005 年，全国共发生 76 起突发生态事件，其中，特别重大生态事件 4 起，重大生态事件 13 起，较大生态事件 18 起，一般生态事件 41 起，比 2004 年增加了 9 起。

2006 年，全国共发生 161 起突发生态事件，其中，特别重大生态事件 3 起，重大生态事件 15 起，较大生态事件 35 起，一般生态事件 108 起，比 2005 年增加 85 起。

2007 年，全国共发生 110 起突发生态事件，其中，特别重大突发生态事件 1 起，重大突发生态事件 8 起，较大突发生态事件 35 起，一般生态事件 66 起，比 2006 年减少 51 起。

2008 年，全国共发生 135 起突发生态事件，其中，重大生态事件 12 起，较大生态事件 31 起，一般生态事件 92 起，未发生特别重大生态事件，比 2007 年增加 25 起。

2009 年，全国共发生 171 起突发生态事件，其中，特别重大突发生态事件 2 起，重大突发生态事件 2 起，较大突发生态事件 41 起，一般突发生态事件 126

起，比 2008 年增加 36 起。

2010 年，全国共发生 156 起突发生态事件，其中，重大生态事件 5 起，较大生态事件 41 起，一般生态事件 109 起，等级待定事件 1 起，比 2009 年减少 15 起。

2011 年，全国共发生 106 起突发生态事件，其中，重大突发生态事件 12 起，较大突发生态事件 11 起，一般突发生态事件 83 起，比 2010 年减少 50 起。

2012 年，全国共发生 542 起突发环境事件，其中，重大突发生态事件 5 起，较大突发生态事件 5 起，一般突发生态事件 532 起，比 2011 年增加 436 起。

从每次生态突发事件调查的结果来看，背后都有政府生态监管不严、执法不力，环保部门廉洁性经不起考验等问题，民众作为接触生态的最直接主体，成为生态污染最直接的受害者，使政府提出的建设"资源节约型、环境友好型"社会的口号处境尴尬。目前，我国政府生态监管失范主要表现在以下三个方面。

（1）政府充任污染企业的"保护伞"①。所谓的政府充当"保护伞"是说，为什么会有这么多的污染企业？为什么明确规定环境法律法规，但仍然会有如此多的污染企业？这些疑问的答案就是政府为污染企业充当"保护伞"，即有些污染企业必须被关闭，但是政府在执法方面放任不管或者不严格执行环境标准，有时候甚至对其所采取的态度是"视而不见，放任自流"，从而形成对一些重点企业、重点项目的"特殊保护"。

（2）部分政府官员的权力寻租，即面对经济利益，面对经济绩效的考核，部分官员以自己握有的公权力为筹码谋求获取自身经济利益的一种非生产性活动。这种权力寻租带来的是权力腐败的原动力或污染源。其中，这种权力在生态环境责任中主要是生态管理职权。随着该职权的不断扩大，"权力开始寻租""官商开始勾结"的现象越来越严重，引起了各种环境污染案件②，最终在损害接触生态的最直接主体——民众的同时，也损害政府的形象，甚至践踏法律的尊严。

（3）政府生态监管不作为现象严重。政府生态监管不作为是指政府生态监管人员负有实施某种积极行为的特定的法律义务，并且能够实行而不实行的监管行为。随着政府生态监管不作为现象在不断地扩大，国家的"节能减排"目标由于政府的"软执行"被民众怀疑属于一纸空文。这主要体现在，各种法律、法规或者是决定，明确规定了政府生态监管的积极的作为，但是在实际的操作中，政府

---

① 对于这种"保护伞"，正如温家宝在第六次全国环境保护大会上指出的，"有的地方不执行环境标准，违法违规批准严重污染环境的建设项目；有的地方对应该关闭的污染企业下不了决心，动不了手，甚至视而不见，放任自流；还有的地方环境执法受到阻碍，使一些园区和企业环境监管处于失控状态"。

② "官商勾结"引起的环境污染案件较为典型的有湖南江华环保局原局长入股污染企业、武汉市洪山区环保局副局长自行有偿处理有毒废物、紫金矿业重大污染事故爆发后，许多危机公关都由政府出面斡旋等。

对此种规定视而不见，采取的往往是消极的不作为行为。典型的例子是 1996 年国务院发布《关于环境保护若干问题的决定》①中严格规定政府监管行为，但是，在实践中，政府所采取的措施却是消极的不作为。

因此，政府生态监管失范，使政府对自己提出的建设"资源节约型、环境友好型"社会处境尴尬，并且这种"失灵"行为，还严重挑战了法律权威，损害了法律的尊严，特别是对接触生态的最直接主体——民众的权益造成了严重的威胁。

（二）我国政府生态监管"失灵"的根源分析

我国政府生态监管责任"失灵"的根源是多方面的，既有现行环境立法在生态监管制度设计上的缺陷，也有现行生态监管体制上的缺陷。

1. 监管制度设计上的缺陷

我国现行环境立法对政府生态监管的制度安排主要体现在行政监管制度与经济监管制度。行政监管制度主要包括资源环境标准制度（包括罚款、限期整改、退出行业、排污申报）、环境影响评价及准入制度、三同时制度、环境收费制度、环境监测制度、许可证制度（包括排污许可证、资源许可证）、污染物排放总量控制制度等。经济监管制度主要包括税收制度（包括环境税、资源税）、绿色补贴制度、界定产权制度（包括排污权、自然资源的权利束）、排污权交易制度等。

我国现行环境立法对政府生态监管制度设计上的缺陷主要表现在以下四个方面。

一是在资源环境标准制度设计上的缺陷。首先，我国现行的国家环境标准有悖于国际环境标准。我国《环境保护法》第 43 条规定，"排放污染物的企业事业单位和其他生产经营者，应当按照国家有关规定缴纳排污费"。这是规定"征收排污费"制度。这种规定表面上体现了对排污单位的处罚，但实际上是为排放污染物披上一件合理的外衣。因为企业事业单位排放污染物本身就是违法行为，如果加之以规定"征收排污费"，就会导致更多的企业超标排放，造成对环境的污染与破坏。这种做法对它们而言，是一种守法成本低于违法成本的明智选择。其次，我国具体的环境标准滞后于现实的发展，典型案例是污染物排放（控制）标准。污染物排放（控制）标准本应该随着经济、社会的不断发展而进行相应的修

---

① 1996 年国务院发布《关于环境保护若干问题的决定》，要求在 1996 年 9 月 30 日前对严重污染环境的"15 小"企业依法取缔、关闭或停产。按要求应取缔、关停 70 024 个小企业，而实际上到 1996 年 9 月 30 日只取缔、关停 48 958 个，仅完成取缔、关停任务的 69.9%。2007 年，国家环保总局对 11 个省、自治区、直辖市 126 个工业园区的检查中，发现 110 个违规审批、越权审批、降低环境影响评估等级和"三同时"制度不落实等环境违法问题，占检查总数的 87%。

正，但现实是，我国现行的国家环境标准中，还广泛存在着20世纪80年代初期颁布实施的国家环境标准。这种滞后性就容易导致一些企业排放的污染物完全合乎国家环境标准，但是它对环境带来的污染和破坏却极大，当然这种损害也包括对环境直接接触的主体民众，如血铅事件①。最后，我国环境标准体系有待完善。其主要从环境标准体系的科学性、完整性、系统性、协调性这几方面进行有益的完善。

二是在环境许可证制度设计上的缺陷。环境许可证制度②主要包括排污权许可和资源开采利用许可，由此形成了排污权、资源开采权等的产权交易制度。随着监管制度的不断创新，我国环境许可制度越来越体现出传统行政许可制度的弊端，包括设计主体、设计程序及设定原则等缺陷，具体如下：由于现行法律法规对许可主体的规定过于原则化，不利于实务界进行具体的操作，需要一系列配套的法律法规支撑；在程序上，主要是有关申请、受理、受理时间、处理规定等程序缺乏具体的操作步骤以及应该遵循的原则。

三是在环境影响评价制度设计上的缺陷。首先，环境影响制度中公众参与规定的原则化。《环境影响评价法》总则部分第5条规定：国家鼓励有关单位、专家和公众以适当方式参与环境影响评价。第二章规划的环境影响评价第11条规定：专项规划的编制机关对可能造成不良环境影响并直接涉及公众环境权益的规划，应当在该规划草案报送审批前，举行论证会、听证会，或者采取其他形式，征求有关单位、专家和公众对环境影响报告书草案的意见。但是，国家规定需要

---

① 血铅事件：2008年12月，河南卢氏县一家冶炼厂排放的废气、废水导致高铅血症334人，铅中毒103人。2009年8月，陕西凤翔县一家铅锌冶炼公司排放废水、废气，导致至少615名儿童铅超标。2009年8月，湖南武冈文坪镇一家精炼锰加工厂为血铅超标污染源，有1 354人血铅疑似超标，600名儿童需要医治。2009年12月，广东清远市工业区内44名3个月至16岁的儿童被检查出铅超标。2010年1月3日，位于江苏大丰经济开发区的河口村有51名16岁以下常住儿童被查出血铅含量超标，距离河口村村民住房最近处仅50米的电池生产企业——大丰市盛翔电源有限公司是污染的源头。2010年2月，湖南嘉禾县250名儿童血铅超标，引发中毒事件的炼铅企业腾达公司，曾被县市两级环保局几度叫停，但仍继续生产。2010年3月，湖南郴州市疾控中心和市儿童医院一共查出152人血铅超标，45人铅中毒，且中毒者均为14周岁以下儿童。2010年3月13日，四川隆昌县渔箭镇94名村民血铅检测结果异常，其中儿童88人，污染源为当地炼铅企业隆昌忠义合金有限公司。2010年6月13日，湖北省咸宁市崇阳县30名成人和儿童被检查出血铅超标，事故主要原因是该县湖北吉通蓄电池有限公司涉铅作业工序缺少基本的防范措施，职工下班后，将受到污染的衣物带回家，致使工人家属血铅超标、中毒。2011年1月，安徽省安庆市怀宁县高河镇100多名儿童血铅超标，家长疑为当地电源厂污染所致。2011年3月，浙江台州市椒江区峰江街道上陶村过半村民出现血铅含量超标的情况，经确认，村中一家蓄电池制造企业违规排放含铅废水、废气是造成这起事件的主因。2011年5月，浙江省湖州市德清县发生了332人血铅超标的污染事件，原因是浙江海久电池股份有限公司违法违规生产、职工卫生防护措施不当，当地县、镇政府未实现防护距离内居民搬迁承诺。

② 许可证制度是行政监管部门根据社会经济正常进行的客观需要，在严格的条件限制下对行为主体的资质进行审查授权，赋予其行为资格的制度，其实质是总量控制。

保密的情形除外。编制机关应当认真考虑有关单位、专家和公众对环境影响报告书草案的意见，并应当在报送审查的环境影响报告书中附具对意见采纳或者不采纳的说明。第三章建设项目的环境影响评价第 21 条规定：除国家规定需要保密的情形外，对环境可能造成重大影响、应当编制环境影响报告书的建设项目，建设单位应当在报批建设项目环境影响报告书前，举行论证会、听证会，或者采取其他形式，征求有关单位、专家和公众的意见。从这些条文可以看出，环境影响制度中公众参与规定都非常抽象、笼统，可操作性不强。其次，环境影响评价制度中缺乏可供选择方案规定。任何制度，如果只有一个唯一的方案，就不能突显出该制度本身存在的问题，只有用不同的方案进行对比研究，才容易突显出各自的优缺点及其对生态环境影响的大小程度、建设项目的可执行性等特征，这样在选择中作出的决策才是明智的决策。但是遗憾的是，我国的环境影响评价法并没有对此加以规定。

四是生态监管制度设计上的缺陷。环境监管制度包括行政监管制度和经济监管等监管制度。这种环境监管体系本应该是相互平衡、相互制约的，但我国的生态监管制度设计却存在不协调的关系。其主要是因为现行环境保护法在设置监管权时重行政监管、轻经济监管，赋予了环境保护管理部门大量监管权，但同时缺乏对监管者的监督，难以保证各种监管的效率。法律要达到使企业自觉治理污染的目的①，提高生态监管效率是采取的措施之一，这种方式须依靠政府，以立法的形式予以确立，建立强有力的生态监管体制并严格予以执行。但是，事实是，在实践中由于法律赋予了政府大量的行政监管权力，容易导致前文所述的政府充当污染环境企业的"保护伞"，将污染成本转移给消费者或者是选择守法成本低于违法成本的做法（污染付费），而忽视经济监管、轻视经济监管制度。从长远来看，要解决或者从根本上改善环境质量，必须通过经济制度的作用，使企业主动治理污染，而不是选择加重对企业的处罚。

2. 监管体制上的缺陷

我国《环境保护法》第 10 条规定，"国务院环境保护主管部门，对全国环境保护工作实施统一监督管理；县级以上地方人民政府环境保护主管部门，对本行政区域环境保护工作实施统一监督管理。县级以上人民政府有关部门和军队环境保护部门，依照有关法律的规定对资源保护和污染防治等环境保护工作实施监督管理"。可见，我国政府生态监管体制具有多元化特征。这种多元化的监管体制

---

① 法律要达到使企业自觉治理污染的目的，可以采取三种措施：一是推动企业降低污染治理成本；二是加大污染处罚力度；三是提高生态监管效率。第一种方式主要是靠市场发挥作用，通过立法建立环境保护的利益保护机制；后两种方式则主要是依靠政府实施，通过立法建立强有力的生态监管体制并严格执行。现行立法主要确定了后两种方式。

在实践中暴露出的缺陷也是明显的。

第一，以区域为核心监管体制上的悖论。我国《环境保护法》第 13 条规定，"县级以上人民政府应当将环境保护工作纳入国民经济和社会发展规划。国务院环境保护主管部门会同有关部门，根据国民经济和社会发展规划编制国家环境保护规划，报国务院批准并公布实施。县级以上地方人民政府环境保护主管部门会同有关部门，根据国家环境保护规划的要求，编制本行政区域的环境保护规划，报同级人民政府批准并公布实施"。可以得知，我国的政府生态监管体制在立法上选择的是行政区域管理为核心、国家与地方双重领导的环境保护监管体制。这种双重领导管理体制表现在两方面：一是各级人民政府对辖区环境质量负总责，即对本辖区的生态保护工作实施统一监督管理；二是国家和地方分别设立环境保护部门，作为"环境保护行政主管部门"，即国务院生态保护行政主管部门对全国生态保护工作实施统一监督管理。这样的立法选择，随着政府机构的不断改革，环境保护部门从原先的地位不高、不能作为政府组成部门及缺乏实质的"话语权"、缺乏足够的权威性等形象上升到拥有实质的"话语权"，也有足够的权威性的形象。这原本是一种好的迹象，但是，这种形式上的"升格"并没有改变政府部门在实践中的执法状态，也没有提高直接接触环境的主体——民众的环境质量。若要从根本上解决问题，还需要将这种监管体制从形式上的"升格"转换到实质的"升格"，而实质的"升格"在立法上，不仅需要有关环境监管的法律法规的规定，还需要对这些法律法规的规定在具体制度上进行保障。因为地方政府绩效考核的中心是生产总值的增长，经济发展当然地成为地方政府工作的首要任务，地方环境保护部门的双重领导体制容易引起环境保护与地方经济发展之间的冲突，这样，一是环境保护执法工作难以开展，这是由于地方环境保护部门缺乏积极行动的实际动力，即缺乏把生态监管意愿转变为环境保护行动的资源；二是地方环境保护部门监管目标的偏离。这是由地方环境保护部门的财政收入引起的，因为地方环境保护部门的财政收入，除了政府拨款以外，还需要通过收取企业的排污费来维持其日常运转，这就导致其监管的目标在慢慢偏离原来的目标，重点不是放在监管之上，而是放在财政来源之上。面对这样的境况，虽然环保部对此采取了相应的措施①，但是面对现状，这种生态监管体制还是有悖于公共管理的基本原理，也歪曲了法律法规本身内在的要求。

第二，生态监管机关的职责设定不科学。我国现有生态监管体制存在着违背科学分工的赋予权责误区。首先，行业管理部门行使生态监管职权。我国生态立法将相关生态监管职权授予这些行业管理部门，必然导致它们在行使生态监管职

---

① 环保部对此采取的相应措施是根据我国环境问题的区域性特点设立了五个督察中心，即华东环保督察中心、华南环保督察中心、西南环保督察中心、西北环保督察中心和东北环保督察中心，来予以弥补。

权时把本部门的行业利益放在首位，之后才考虑生态效益的问题，专业管理部门和综合决策部门的生态监管职责行使不甚合理。其一，专业管理职权由综合决策部门行使。例如，作为综合决策部门的国家经济贸易委员会，除了负责企业生产管理外，还要承担监管"淘汰严重污染生态的落后工艺和设备、环保产业发展、资源综合利用"等职责。其二，综合决策职权应由专业管理部门行使，而综合决策部门应承担综合规划、协调、平衡的职能。可是，从生态监管方面来看，目前相关立法却规定综合决策部门的职责由专业管理部门来承担，致使职能的行使产生错位。其三，政府所属部门的部分职权由政府来行使。《环境保护法》中有大量的政府授权条款，如第9条和第18条。但由于生态监管职能规定之中混淆了政府和环保部门的职能，将某些属于环保部门的职能赋予政府，不利环保部门对污染治理的监管，同时也不利于管理部门的有效监督执法。

第三，生态监管机构在职能上存在缺陷。生态监管机构在职能上与不同监管机构的职能规定存在重叠和交叉。这些重叠和交叉并不能起到加强职能的作用，反而导致一些主体对自己所拥有的职能采取消极的对待态度，因为他们知道相似的职能其他部门也有，所以，就会将自己的责任推到别的部门，最终导致谁也不积极履行相应的职责。这种缺陷主要表现在三个方面：一是规划职能的重叠和交叉，如环保部与国家发改委农村经济发展司之间的"生态建设规划"职能重叠与交叉；二是监测职能的重叠和交叉，如环境部与水利部水资源水文司之间监测江河湖库水质、审核水体纳污能力职能之间重叠与交叉；三是污染纠纷处理职能的重叠和交叉，如渔政与环保部门之间对监管机构处理渔业污染事故的职责产生冲突，常常导致二者相互推诿。

三、我国政府生态监管法律制度的完善路径

庞德指出，"对过去，法是文明的产物；对现在，法是维持文明的工具；对未来，法是增进文明的工具"。政府生态监管法律制度作为生态文明的一种重要社会控制力量，面对生态危机的日益恶化，要求它的相应制度及体制建构必须在"法功能运行与社会变迁的互动"中，走出效力不彰的困境。由于我国政府生态监管本身就存在缺陷，所以，要提高政府生态监管效率，其出发点就是对这种监管体制本身进行优化并完善相关的配套制度。但是，相对于发达国家而言，这种政府生态监管制度不管是在理论上还是在实践中，都具有突出的优点及特色，值得我们学习与借鉴，并结合我们自身的不足，进行全方位的改善，继续坚持落实社会经济的可持续发展。

（一）健全政府生态监管制度

政府生态监管制度是一套复杂的法律制度体系，在制度的健全完善过程中应

该特别注重各具体制度之间的配合程度，只有每种制度的相应问题都得到改进，并且制度之间的协调契合度得到加深，我国的政府生态监管制度才能得到长足的进步。

（1）建立科学的生态标准。作为环境保护法律体系的有机组成部分，环境标准①同时也是衡量政府监管是否到位、所提供的环境这种共用财产质量是否达标的政府有关部门对环境的监管标准。虽然它对保护环境具有重大的作用，但环境标准监管缺位现象时有发生，这就对我们提出新的要求，需要对我国现行的环境标准进行一定的修正，同时，也必须加强环境标准的监管。当然，若要我国资源环境标准与世界的发展趋势相接轨，还需要考察国外相关的先进的环境标准制度，对其进行有益的吸收，从而构成具有中国特色的科学的生态标准。具体体现在两方面：一是国家环境标准的制定。对于国家环境标准制定而言，国外特别是西方发达国家对这方面的研究比较突出，我们必须积极学习借鉴它们的先进成果和经验，同时也要积极开展和国外政府机构或科研机构就环境保护标准方面的合作，从而提升我国相关方面的环境标准。二是具体的环境保护标准的制定。对于相关的具体环境保护标准的制定，我们不能单一关注自己的环境标准或者简单地制定相关的环境标准，我们需要与环境标准研究技术的支撑单位及大中专院校和相关科研机构进行积极的合作，充分发挥他们的能动作用，鼓励相关的企业、社会团体积极参与环境保护标准的制定。还要着重发挥国家环保系统科研部门、国家环境监测单位和国家环境管理机构的积极性与创造性，最终通过严格的标准确立来建设行业的行为准则，且新标准应达到技术可行、经济承受度适中、可操作性强的要求，标准之间要协调统一，互相促进。

（2）健全环境许可证制度。环境许可的书面形式是环境行政许可证，而环境许可证作为政府机构的一种行政行为，无论是在设立上还是在运行上都必须严格按照法律的具体规定进行操作。由于常常会出现各种利益冲突，进行环境许可时也常出现利益冲突所导致的"权力寻租""监管失灵"等状况。如何面对这种状况就是解决环境许可当务之急。首先，设立部门必须是有权部门且设立原则必须采取公开原则，即设立环境许可证的部门必须是具有国家环境许可权的环境行政管理部门。而当涉及公众利益时，有权设立环境许可证的环境行政管理部门必须采取公开原则，而不是秘密许可，如积极建立有关的公众参与机制，并且具体明确公众参与的有关程序。其次，设立时必须坚持公正原则。法律平等对待每一个人，我们每个人都有权行使自己的权利，所以，有关环境许可部门在面对不同的申请人时，必须坚持公正原则，不能歧视申请人，也不能戴着有色眼镜去看待所

---

① 到 2004 年为止，我国国家环境部门已经制定了 360 项环境标准，具体包括五类：a. 环境指令标准；b. 污染物排放标准；c. 环境方法标准；d. 环境标准样品标准；e. 环境基础标准。

有的申请人，而是应当不偏不倚地严格审核各申请人的具体条件是否符合颁发环境许可证的要求。最后，进行环境核准。环境核准不要求对所有的项目都进行核准，而是要求对一些直接关系到自然环境安全、人身安全和财产安全的重要环境设施、产品、物品进行核准，因为安全第一、人民的利益第一，我们只有在保证安全的前提下才能施行一系列的各种措施，所以，对这些重点企业必须进行全面的评价。

（3）完善环境影响评价制度。《环境影响评价法》第1条规定，"为了实施可持续发展战略，预防因规划和建设项目实施后对环境造成不良影响，促进经济、社会和环境的协调发展，制定本法"。第2条规定，"本法所称环境影响评价，是指对规划和建设项目实施后可能造成的环境影响进行分析、预测和评估，提出预防或者减轻不良环境影响的对策和措施，进行跟踪监测的方法与制度"。由于当前的环境影响评价制度并没有达到第1条规定的目标，所以，首先需要拓宽环境影响评价制度中评价对象范畴。《环境影响评价法》第二章规定规划的环境影响评价、第三章规定建设项目的环境影响评价，并没有将政府环境行政行为①纳入其中，而政府环境行政行为对环境影响极其重要，应当将其纳入环境影响评价制度之中。其次，设立专门的环评审批机构或者是强化环评审批机构的监督。目前《环境影响评价法》第二章规定规划的环境影响评价从第7条到第15条进行了阐述，但是并没有区分规划编制机关与规划环评审批机关，而是出现重合的现状，因此，为防止二者权责不分，应当设立专门的独立于规划编制机关（政府部门）的环评审批机构或者强化对规划环评审批机关（政府部门）审批行为的监督。最后，明细公众参与。现行《环境影响评价法》仅仅在第11条和第21条中原则化、抽象化地规定了与专项规划、建设项目有关的论证会、听证会，但是并没有具体明确地规定公众如何参与有关的环境影响评价，如公众参与的权利、公众参与的主体、公众参与的阶段、公众参与的方式、公众参与的具体程序及公众参与的意见对政府审批决策的法定效力等都未明确规定。环境污染常常与人们的切身利益有关，但是却缺乏相关的具体的公众参与机制，导致民众成为最终的受害者，因此，需要建立一套行之有效的环境影响评价公众参与机制来保护公众的环境权益，同时也监督政府对有关的环境影响评价的审批行为。

（4）健全环境监测制度。《国家环境监测"十二五"规划》前言规定了环境监测的主要任务是及时、准确、全面地获取环境监测数据，客观反映环境质量状况和变化趋势，及时跟踪污染源变化情况，准确预警各类潜在的环境问题，及时响应突发环境事件。环境监测是各级人民政府履行环境保护职能、开展环境管理工作的重要组成部分，是各级人民政府监视环境状况变化、考核环境保护工作成

---

① 政府环境行政行为包括政府的环境立法、环境政策及环境决策等环境行政行为。

效、实施环境质量监督的重要基础，是国民经济和社会发展的基础性公益事业。组织开展环境监测工作，是各级人民政府提供基本公共服务、保障公众环境知情权的重要内容，是各级人民政府环境保护主管部门的法定职责。目前，我们国家的环境监测制度虽然已初步建成，但是却缺乏全面、完整的监测制度。例如，环境监测法规制度与技术体系上存在缺陷，没有一部统一的法律法规对其进行系统、完整、全面的规定，都散见于"各种法律法规"①之中。又如，环境监测公共服务能力区域不均衡、供需不平衡。由于城乡差距的存在，大多数的环境监测都散布于大城市之中，缺乏对农村的环境监测，而随着经济的不断发展，农村的环境破坏速度在不断加快，但是相应的农村环境监测体系却尚未建立。对此，面对这样的现状，政府要更好地对环境进行监测，履行国家生态监管主体的职责，必须建立健全完善的环境监测制度，包括建立行政职能性的监测机构负责日常的环境监测并鼓励其他有环境监测能力和技术手段的社会团体、环保组织与科研单位建立社会服务性的监测机构及其相应的农村环境监测体系。

（二）理顺政府生态监管体制

"法律将容忍事实上的困难，而不能容忍不一致性和逻辑的缺陷"（银秋华，2008），因此，打破运行中面临的桎梏是政府生态监管体制变革与完善的根本路径。在理顺与健全政府生态监管体制上，必须科学界定权责边界，避免推诿与扯皮局面的形成。目前我国政府生态监管体制存在权力冲突、地域冲突、行业冲突等混乱状态，最危险的是容易出现生态破坏企业与政府的利益牵连，而普通民众则彻底沦为最弱势群体的状况。理顺我国政府生态监管体制目前在立法上要着重解决三大问题。

（1）加强国家环境保护部门生态监管职能。一方面，要进一步强化国家环境保护部门生态监管职能。由于我国政府生态监管体制存在权力冲突、地域冲突、行业冲突等混乱状态（存在这些混乱的状况，是由生态监管的"失灵"造成的），我们必须进一步强化国家环境保护部门的生态监管职能，并同时加强对区域和地方环境保护部门的监管和指导，有选择地借鉴美国的生态监管体制，如形成区域生态监管体制和中央—地方半垂直的管理体制相结合，以及积极建立一个横向资源管理部门联合的国家环境监管委员会和国家环境保护部门。另一方面，要进一步加强区

---

① 散见于"各种法律法规"之中是指《环境保护法》《大气污染防治法》《环境噪声污染防治法》《水污染防治法》等法律法规对建立监测制度、组建监测网络、制定监测规范等均作出了规定和要求。我国还先后颁布了《全国环境监测管理条例》、《全国环境监测报告制度（暂行）》、《环境监测质量保证管理规定（暂行）》、《环境监测优质实验室评比制度（暂行）》、《环境监测人员合格证制度（暂行）》、《环境监测质量管理规定》、《环境监测人员持证上岗考核制度》、《主要污染物总量减排监测办法》及《环境监测管理办法》等环境监测的法规制度，这些法规制度对加强环境监测管理、规范环境监测行为起到了重要的作用（参见《国家环境监测"十二五"规划》）。

域性环境督察中心生态监管职权。我国传统政府生态监管体制暴露出来的突出缺陷之一便是"地方分治"。我国传统的生态监管体制按照行政区划监管生态，破坏了生态本身的统一性，使地方政府各自为战，造成地方利益保护主义盛行，争"利"避"责"。这是一些源头地区为了眼前利益，过伐过牧，导致区域生态严重失衡的制度原因（高小平，2007）。对于以上困境，其原因主要在于现行行政体制的"分割性"。因此，建立跨区域环境督察合作机制不仅必要，而且是可能的。跨区域生态监管是中国未来生态保护体系的一个发展主轴。因此，为了更好地发挥跨区域生态监管，我们必须对现有的"五个环保督察中心"的各方面工作进行加强与完善，使其真正发挥环境监管的作用。一是加强环保督察的相关内容，包括增加人力资源的投入、扩大从业人员的编制、加强环保督察中心机构的业务能力建设、职权强化、经费支持等内容；二是明确部门之间的关系。这主要是指明确环保督察与地方政府、地方环保部门之间的关系。这些相关的部门，面对重大环境污染事故时，应从全局出发，而不能只顾自己局部的利益，推行地方保护主义。

（2）部门之间的职能、权限的划分。现行的《环境保护法》规定：地方各级人民政府应当对本行政区域的环境质量负责。虽然该法规定地方政府和环境保护主管部门都应该对环境质量负责，但是在我国的政府行政管理体制下，地方环境保护部门是完全隶属于地方政府的，因此，这样的规定容易导致为了经济利益而忽视环境问题，常会出现地方政府和地方环境保护部门的管理"越位"、"缺位"、"失位"和"错位"等现象，并最终导致国务院和环保部制定和颁布的环境政策都很难实施到位。为此，应将环保部与地方环境保护部门的职能和权限进行合理的划分，具体明确哪些职能和权限属于国家环境保护部门、哪些职能和权限是地方环境保护部门及哪些职能和职权是他们二者所共同享有的，并对二者所共有的职权、权责进一步具体明细，加强其操作性，并注意适当地发挥地方政府和地方环境保护部门的主动性和能动性。

（3）部门与政府之间的职权划分。新修订的《环境保护法》第60条规定，"企业事业单位和其他生产经营者超过污染物排放标准或者超过重点污染物排放总量控制指标排放污染物的，县级以上人民政府环境保护主管部门可以责令其采取限制生产、停产整治等措施；情节严重的，报经有批准权的人民政府批准，责令停业、关闭"。与旧《环境保护法》只赋予环保部门对违法企业进行罚款的权力相比，新修订的《环境保护法》赋予了环保部门限制生产、停产整治的权力，但责令停业、关闭违法企业的权力仍需要报经有批准权的人民政府批准。而要解决这种由于监管力度不够而引起的环境问题，我们就必须合理划分环境保护部门与政府的职权。为了能够在"事前"控制污染的扩大，必须通过立法的方式适当扩大环保部门的权限，从而防止污染企业的进一步扩大，维护与环境直接接触的主体——民众的环境权益。

政府生态责任追究制度的健全

第一节　政府生态责任追究制度现状述评

　　十八大报告提出，"加强环境监管，健全生态环境保护责任追究制度和环境损害赔偿制度"。尽管我国早已规定各级人民政府对所辖区的环境质量负责，但是由于没有建立政府生态责任追究制，对在节能减排中政府不履行生态服务、生态考核、生态决策和生态监管责任而导致辖区环境质量恶化的地方政府领导、环保职责部门负责人及环保执法人员缺乏追究责任的具体规定，很多地方政府并未真正履行节能减排生态责任。无论从理论还是实践上看，不受法律控制和责任追究的政府责任很容易走向不负责任或滥用权力，没有责任追究制度做后盾的政府生态责任体系是不健全的责任体系。因此，必须将政府对生态质量负责转化为法律责任，并将它实质化、具体化，从而使政府对生态质量承担实质性的法律责任，而不仅是形式上的政治责任，并具体明确法律责任的形式，将其落实到主管领导和责任人。

一、政府生态责任追究制度的相关法律法规

　　对于我国而言，法律责任追究制度对保障政府积极有效地承担生态监管职责起到非常重要的作用，是不可或缺的。现行有效的法律规范对生态保护的规定已经形成了一个健全的、科学的体系，而有关追究政府生态责任的法律依据，就目

前相关的法律法规来看，有以下 5 个方面。

（一）《宪法》和《环境保护法》

《宪法》第 26 条规定，"国家保护和改善生活环境和生态环境，防治污染和其他公害"。

《环境保护法》第 67 条规定，"上级人民政府及其环境保护主管部门应当加强对下级人民政府及其有关部门环境保护工作的监督。发现有关工作人员有违法行为，依法应当给予处分的，应当向其任免机关或者监察机关提出处分建议。依法应当给予行政处罚，而有关环境保护主管部门不给予行政处罚的，上级人民政府环境保护主管部门可以直接作出行政处罚的决定"。第 68 条规定，"地方各级人民政府、县级以上人民政府环境保护主管部门和其他负有环境保护监督管理职责的部门有下列行为之一的，对直接负责的主管人员和其他直接责任人员给予记过、记大过或者降级处分；造成严重后果的，给予撤职或者开除处分，其主要负责人应当引咎辞职：（一）不符合行政许可条件准予行政许可的；（二）对环境违法行为进行包庇的；（三）依法应当作出责令停业、关闭的决定而未作出的；（四）对超标排放污染物、采用逃避监管的方式排放污染物、造成环境事故以及不落实生态保护措施造成生态破坏等行为，发现或者接到举报未及时查处的；（五）违反本法规定，查封、扣押企业事业单位和其他生产经营者的设施、设备的；（六）篡改、伪造或者指使篡改、伪造监测数据的；（七）应当依法公开环境信息而未公开的；（八）将征收的排污费截留、挤占或者挪作他用的；（九）法律法规规定的其他违法行为"。

（二）主要的环境保护单行法

1.《环境影响评价法》

第 29 条规定，"规划编制机关违反本法规定，组织环境影响评价时弄虚作假或者有失职行为，造成环境影响评价严重失实的，对直接负责的主管人员和其他直接责任人员，由上级机关或者监察机关依法给予行政处分"。

第 30 条规定，"规划审批机关对依法应当编写有关环境影响的篇章或者说明而未编写的规划草案，依法应当附送环境影响报告书而未附送的专项规划草案，违法予以批准的，对直接负责的主管人员和其他直接责任人员，由上级机关或者监察机关依法给予行政处分"。

第 32 条规定，"建设项目依法应当进行环境影响评价而未评价，或者环境影响评价文件未经依法批准，审批部门擅自批准该项目建设的，对直接负责的主管人员和其他直接责任人员，由上级机关或者监察机关依法给予行政处分；构成犯罪的，依法追究刑事责任"。

第 34 条规定，"负责预审、审核、审批建设项目环境影响评价文件的部门在审批中收取费用的，由其上级机关或者监察机关责令退还；情节严重的，对直接负责的主管人员和其他直接责任人员依法给予行政处分"。

第 35 条规定，"环境保护行政主管部门或者其他部门的工作人员徇私舞弊，滥用职权，玩忽职守，违法批准建设项目环境影响评价文件的，依法给予行政处分；构成犯罪的，依法追究刑事责任"。

2.《水污染防治法》

第 69 条规定，"环境保护主管部门或者其他依照本法规定行使监督管理权的部门，不依法作出行政许可或者办理批准文件的，发现违法行为或者接到对违法行为的举报后不予查处的，或者有其他未依照本法规定履行职责的行为的，对直接负责的主管人员和其他直接责任人员依法给予处分"。

3.《固体废物污染环境防治法》

第 67 条规定，"县级以上人民政府环境保护行政主管部门或者其他固体废物污染环境防治工作的监督管理部门违反本法规定，有下列行为之一的，由本级人民政府或者上级人民政府有关行政主管部门责令改正，对负有责任的主管人员和其他直接责任人员依法给予行政处分；构成犯罪的，依法追究刑事责任：（一）不依法作出行政许可或者办理批准文件的；（二）发现违法行为或者接到对违法行为的举报后不予查处的；（三）有不依法履行监督管理职责的其他行为的"。

4.《大气污染防治法》

第 64 条规定，"环境保护行政主管部门或者其他有关部门违反本法第十四条第三款的规定，将征收的排污费挪作他用的，由审计机关或者监察机关责令退回挪用款项或者采取其他措施予以追回，对直接负责的主管人员和其他直接责任人员依法给予行政处分"。

第 65 条规定，"环境保护监督管理人员滥用职权、玩忽职守的，给予行政处分；构成犯罪的，依法追究刑事责任"。

5.《海洋环境保护法》

第 94 条规定，"海洋环境监督管理人员滥用职权、玩忽职守、徇私舞弊，造成海洋环境污染损害的，依法给予行政处分；构成犯罪的，依法追究刑事责任"。

6.《矿产资源法》

第 47 条规定，"负责矿产资源勘查、开采监督管理工作的国家工作人员和其他有关国家工作人员徇私舞弊、滥用职权或者玩忽职守，违反本法规定批准勘查、开采矿产资源和颁发勘查许可证、采矿许可证，或者对违法采矿行为不依法予以制止、处罚，构成犯罪的，依法追究刑事责任；不构成犯罪的，给予行政处分。违法颁发的勘查许可证、采矿许可证，上级人民政府地质矿产主管部门有权予以撤销"。

（三）《刑法》及其相关规定

《刑法》中有关渎职罪、玩忽职守罪、徇私舞弊和贪污受贿罪等的规定同样适用于环境监管渎职、玩忽职守、徇私舞弊和贪污受贿等行为。

《刑法》第408条规定，"负有环境保护监督管理职责的国家机关工作人员严重不负责任，导致发生重大环境污染事故，致使公私财产遭受重大损失或者造成人身伤亡的严重后果的，处三年以下有期徒刑或者拘役"。

2006年7月最高人民法院颁布了《关于审理环境污染刑事案件具体应用法律若干问题的解释》。

2006年7月最高人民检察院颁布了《最高人民检察院关于渎职侵权犯罪案件立案标准的规定》，其中就环境监管渎职制定了立案标准。

（四）国家政府部门规章

监察部、国家环保总局于2006年2月公布实施的《环境保护违法违纪行为处分暂行规定》是我国第一部关于环境问责方面的专门规章。《环境保护违法违纪行为处分暂行规定》第4～11条较为详细和全面地规定了在实践中存在的应受处分的环境行政违法违纪问题。应受处分的环境行政违法违纪行为主要包括以下5个方面：①不依法履行环境管理义务；②违法实施环境行政许可和审批；③越权环境执法；④滥用职权，徇私舞弊；⑤其他环境违法违纪情形。

（五）地方性法规

（1）北京市环保局和监察局于2001年8月颁布的《关于违反环境保护法规追究行政责任的暂行规定》。

（2）山东省人民政府于2002年3月通过的《山东省环境污染行政责任追究办法》。

（3）湖北省监察厅和环境保护局于2002年2月发布的《关于违反环境保护法律法规行政处分的暂行规定》。

（4）江苏省环保厅于2002年8月发布的《江苏省环境管理责任追究若干规定》。

（5）山西省监察委员会和环保局于2002年7月联合颁布的《违反环境保护法规行为行政处分办法》。

（6）四川省人民政府于2005年1月发布了《四川省环境污染事故行政责任追究办法》，四川因此成为西部第一个将环境污染事故中的政府行政责任作明文规定的省份。

二、政府生态责任追究制度的立法缺陷

尽管我国生态保护立法体系从总体上看较为完整，但在立法制度安排上，对于作为生态监管者的政府一直是重授权轻法律责任追究，这也是导致实践中政府的生态监管不力和"失灵"的重要原因。这种立法缺陷主要表现为以下四个方面。

（一）追究生态法律责任的主体单一

从新的《环境保护法》第六章所规定的法律责任来看，第59～69条共11条的法律责任内容中，我国更注重强调由环境保护监管人员或其他有关行政机关的工作人员来承担相关法律责任，而缺乏责成政府或者有关领导对其领导和管辖范围内的行政违法现象承担法律责任。并且，对于监管者的责任追究采取的往往是以党内处分代替法律责任。此外，行政机关工作人员常常因为自己的行为并不是出于私利，而是从整个机关的"大局"出发，甚至是为了该机关所在的行政区域的"公共利益"考虑，当需要承担责任时，承担责任的对象就只是环境保护监管人员或其他有关行政机关的工作人员，而不是有关的环保部门或者政府。这种单一的追究制度，并不能很好地监督政府对生态的监管，有时还会放纵政府对污染企业充当"保护伞"，因为即使出现问题，也不是政府或者环保部门来承担责任。

（二）追究生态法律责任的种类单一

我国现行环境立法在追究政府生态责任上有一个共同的特点，就是将法律责任明确到不履行或不适当履行法定职责的环境决策者、管理者、执法者身上，所规定的法律责任主要为行政处分（包括警告、记过、记大过、降级、撤职和开除等）和刑事责任。新《环境保护法》第六章所规定的法律责任的承担主体单一，仅限于行政机关的工作人员，即公务人员，导致追究生态法律责任的种类单一，即行政处分和刑事责任。这依据的是《环境保护法》第68条和第69条的规定。这种处罚种类单一的规定，对于受害的公众而言，根本不能够弥补他们因环境污染所带来的损害，同时，这种惩罚也起不到震慑或者是惩戒的作用，惩罚了相关人员之后，政府监管仍然处于"失灵"状态，依然为了一些财政收入而充当污染企业的"保护伞"。因此，我们必须寻求新的生态法律责任追究形式，以便更好地保护环境、保护因环境权益受到侵害的民众。

（三）追究生态法律责任的法律条款缺乏可操作性

我国现行生态立法对追究政府生态责任的规定过于原则和含糊，导致实践中难以操作，这直接影响了政府在生态领域的执行力，使"政府对生态负责"成了

空谈。新修订的《环境保护法》一共 70 条，从内容来看，只有第 67 条和第 68 条是明确针对生态保护监督管理人员的违法行政行为设定的行政法律责任，第 69 条规定的刑事责任却没有说明是否包括环境行政机关及其工作人员。而在《清洁生产促进法》中，没有一个条文规定政府生态法律责任。《大气污染防治法》《海洋环境保护法》《环境噪声污染防治法》《野生动物保护法》等法律规范对于政府生态法律责任的规定均只有一条，且内容惊人地相似，就是生态保护监督管理人员滥用职权、玩忽职守、徇私舞弊的，依法给予行政处分。有的环境立法即使有了规定，其内容也往往比较原则、笼统，缺乏相应法规、规章和实施细则的配套，缺乏可操作性。这样便使得环境行政执法随意性大、不受约束，容易造成权力与责任的脱节，使环境行政主体及其工作人员的责任意识下降。同时，由于缺少规范政府行为的相应法律条款，即便有，其法律约束力不强，客观上纵容了环境违法行政行为，也导致在实际中追究政府生态法律责任时没有具体的依据。例如，《节约能源法》第 86 条规定，"国家工作人员在节能管理工作中滥用职权、玩忽职守、徇私舞弊，构成犯罪的，依法追究刑事责任；尚不构成犯罪的，依法给予处分"。"依法给予处分"究竟应该给予什么处分、给予哪些人处分、由什么主体作出处分、依据什么程序给予处分，在法律条文中均未给出确定的说明。类似的条款在我国生态法律法规中比比皆是。

（四）追究生态法律责任制度与行政体制内的有关政策不协调

目前，生态法律责任制度与行政体制内有关政策不协调的主要有以下两种政策：一是财政政策。现行的财政政策实行的是包干制度和分税制度，而这种政策是在中央与地方之间都实行，导致一些地方官员对财政收入的来源非常重视，而这些财政来源就包括各种排污企业超标污染所收取的费用，这些费用占地方财政的大部分，面对这样的摇钱树，地方政府往往选择充当污染企业的"保护伞"。所以，面对有限的地方财政，要进行大量投资进行生态保护，是一种理想。即使一些地方政府对生态采取保护措施，也大多流于形式，并没有实质性的保护。二是官员考核制度。对于我国现行的行政体制内对官员的考核制度而言，它不仅是一套复杂的指标，而且，如上面所述，这种官员考核制度本身就存在各种缺陷，如重经济绩效轻非经济绩效，重显性政绩考核轻隐性政绩考核，重局部利益轻整体利益，重定性评估轻定量评估等。因此，官员的选择都是优先发展眼前的经济利益而忽视长期的利益，相对于生态保护而言，这依旧是一个理想。这种不协调与我国坚持走可持续发展道路、建设和谐社会的国策背道而驰。

各级政府的地方利益与现行财政政策及官员考核制度是密切联系的，后者是前者的利益保护对象，他们之间因利益而有着共同的立场，这样就会导致地方政府在生态监管上和对监管者的监管上的集体"失灵"现象。

第二节　政府生态民事责任追究制度

"政府对所辖区环境质量负责"意味着政府承担环境安全保障义务，政府违反这一义务不仅应承担相关的因环境质量带来的行政责任、民事法律责任，还应该承担因其环保人员或者行政人员的失职所带来的环境问题的法律责任。但是，也正如前所述一样，我国现在对于生态环境问题一律是由环境保护监管人员或其他有关行政机关的工作人员来承担相关法律责任，而作为监管者的行政机关整体没有任何承担法律责任的方式，这是一种承担责任的规定的缺位。从实践证明来看，这种传统的"谁污染谁治理""谁污染谁赔偿"的传统环境管理思路是存在问题的，并不能解决根本的环境问题，而且这种处罚对于弥补被损害的环境而言实是杯水车薪。

一、建立政府生态民事责任追究制度的法理依据

无论从我国现有的生态立法精神上，还是从政府承担生态责任理论基础上来看，政府由于自己的生态决策失误或不当的行政行为而导致生态污染或破坏发生或加剧，以及自己未尽生态安全保障义务，给公众造成人身或财产损害时，都应当承担民事赔偿责任。

（一）政府应对生态质量负责的立法精神

《宪法》第 26 条规定，"国家保护和改善生活环境和生态环境，防治污染和其他公害"。《环境保护法》第 6 条规定，"地方各级人民政府应当对本行政区域的环境质量负责"。国务院 2005 年 12 月制定的《关于落实科学发展观加强环境保护的决定》（国发〔2005〕39 号）要求"建立跨省界河流断面水质考核制度，省级人民政府应当确保出境水质达到考核目标。国家加强跨省界环境执法及污染纠纷的协调，上游省份排污对下游省份造成污染事故的，上游省级人民政府应当承担赔付补偿责任，并依法追究相关单位和人员的责任"。可见，我国无论是从《宪法》的层面，还是从环境保护基本法及国家相关政策的层面，所采取的立法精神都是政府应对生态质量负责。这也是产生政府生态法律责任和义务的法律依据。

所谓生态质量，是指大气、水、土地等洁净的状况，生物多样性的保护状况，自然生态系统的平衡状况，人与自然之间的协调状况等，它具有很明显的超出微观洁净单位活动以外的公共商品的属性（高红贵，2006）。生态质量在属性上归于公共物品，已成为学者们的共识。"环境质量，如清洁的空气、干净的水、

宁静舒适的环境空间、优美的环境景观、生物的多样性、平衡的生态系统等属于公共物品或者是准公共物品的范畴"。"环境质量是一种公共产品,一种公共服务,公众是这种产品的受益者。政府对环境质量负责其实质是要求政府对公众负责,是政府就公共产品的品质向公众所作的承诺"(李挚萍,2006)。

政府[①]应对生态质量负责是一种立法精神的体现。其内涵应包括以下三点:①政府应对生态质量负责是政府的职责。既然是一种职责,则要求政府对公众负责,就是要求政府就公共物品的品质向公众作出承诺,同时也要求从总体上、宏观上对国家负责;具体体现在组织城市环境建设;维持和改善环境整体质量;提供生态保护方面的服务;进行与生态保护相关的综合决策;分配公共环境资源;进行生态保护方面的协调等。②政府应对生态质量负责也是一种义务,即需要承担由于义务主体未履行相应的法律义务而应承担的法律后果,如生态质量严重恶化、生态质量无法达标对本辖区环境造成危害所带来的相关的法律责任。③政府对生态质量负责所承担的责任范围的扩大。政府不仅仅要承担相关的行政法律责任,还应该对所辖区的居民承担相应的民事法律责任,以及代表本辖区对其他行政区域的人民承担特定的法律责任。因为一些环境污染而使环境权益受害的民众大多找不到有关的直接负责的排污者,此时,他们属于最弱势群体,要求政府对此承担一定的法律责任,是因为法律规定政府应当对生态质量负责,那么这种规定是应该具有约束性的。当难以找到直接污染者时,从一定层面上而言,政府本身的行政行为也存在明显的失职,因此,要求政府负责是合法合理的,同时也属于一种替代性的救济途径。

因此,公民享有良好环境权对应的义务主体首先是政府。当公民的环境权益因为环境质量恶化而受到损害时,不应排除其向国家提出赔偿或补偿请求的权利。

(二) 政府应对生态质量负责的理论基础

从我国现行的生态立法精神可以看出,政府承担生态民事责任是政府应对生态质量负责的应有之义,而政府应对生态质量负责的理论基础是政府的生态安全保障义务。生态安全是人与自然和谐的最低标准,也是环境危机时代人类生存和发展的基本需要之一。这就使得政府生态责任的目标选择中,安全比秩序显得更重要,更应当被人们关注和追求,因此,政府生态责任必须以生态安全作为自己的目标选择。

---

① 这里所指的政府是一个行政区域的最高行政机构,而不是泛指它的职能部门。作为这一责任相对方的权利主体首先应该是公众,然后是国家。法律责任分为第一性法律责任和第二性法律责任,前者指法律为特定主体设定的法律义务,就政府而言,主要体现为其法定职责;后者指特定主体未履行法律义务时,应承担的法律后果。

生态的公共物品属性以及政府的公共职责本位理论均决定了政府应承担生态安全保障义务。人们普遍将生态利益视为一种公共物品，并鉴于其特性认为它仅能委托给政府管理。政府作为生态公益受托人的最直接理论依据是美国密歇根大学萨克斯教授的"生态公共财产论"和"生态公共委托论"。萨克斯教授认为，环境资源是全体国民的"共享资源""公共财产"，任何人不能任意对其占有、支配和损害。为了合理支配和保护这"共有财产"，共有人委托国家来管理（汪劲，2000）。由政府来扮演环保公共受托人这一角色是无可非议的，生态问题及其与能源、粮食、人口等问题的综合作用所造成的对人类生存和发展的威胁，要求人类必须彻底转变观念，从全面协调人类与环境关系的角度对生态问题进行宏观调控，能够担当起这一重任的只有也只可能是国家。政府应对生态质量负责是由生态的公共物品属性决定的，那么，政府应对生态质量负责即是一种职责。权利与义务是相互的，没有无权利的义务，也没有无义务的权利。这样，根据我国生态立法规定的政府对生态质量负责来看，实际上是赋予了政府生态安全保障义务，即若政府违反了相关的生态安全保障义务，那么政府就应该对自己的行为负责，如果这种不作为侵害了环境权益受损的民众，那么，政府就必须对自己的不作为承担相应的民事责任。承担的方式是赔偿，而不是补偿。因为在法律层面，补偿仅是一种救助手段，是一种自己的行为并没有违反相关的法律规定，而只是出于仁道、仁慈的考虑作出的行为。但在这里，政府违反了生态安保义务，因此，应当是赔偿。赔偿的数额应当与补偿的数额有所区别，应当是按照民众的受损程度来进行相应的赔偿，而不是出于仁慈给予一定数额的补偿。

因此，政府应对生态质量负责是一种基本职责，既然是一种职责，那么就应该对自己职责范围之内的相关问题承担其相应的法律责任，而不仅仅是承担相关的行政法律责任。此外，政府还应该承担由于环境权益受到侵害带来的民事责任，这是由生态的公共物品属性和主导角色决定的。强调政府对其生态质量负责，也是对整个生态保护的法律制度体系的一种完善。

二、建立政府生态民事责任追究制度的路径

《最高人民法院关于审理人身损害赔偿案件适用法律若干问题的解释》规定了经营者安全保障义务的两种责任类型：第一种是直接责任。经营者未尽合理限度范围内的安全保障义务，致相关公众遭受人身损害的，应当承担相应的赔偿责任。第二种是补充责任。经营者未尽安全保障义务，致使第三人侵权造成他人人身损害的，经营者应当承担补充赔偿责任（陈现杰，2004）。我国政府生态民事责任追究的制度设计也可以按照此思路来进行。

（一）政府生态民事直接责任的承担

政府生态民事直接责任区别于政府生态民事间接责任，是指直接由于政府决策失误或不当的行政行为导致环境污染或破坏发生或加剧时（如政府规划失策等情况），政府应该是直接责任人，对受害者直接承担民事赔偿责任（罗文翠，2007）。

但是，当我们提出政府生态民事直接责任时，政府生态民事赔偿的范围如何界定，就成为我们首先要解决的问题。根据当今国际立法和各国法律的规定和实践，政府生态损害赔偿范围主要包括以下四个方面。

（1）人身伤害赔偿。这里的人身伤害赔偿与民法上的人身损害赔偿是有区别的，这里主要仅仅是对侵害公民生命健康权的赔偿，而赔偿的费用包括死亡赔偿金、丧葬费、医疗费、营养护理费、赡养抚养费等。这主要是针对严重环境污染造成的公民的人身伤害危及到公民的生命时，所应该获得的赔偿。

（2）公民财产的赔偿。这是在环境污染中受害的民众的财产受到损害时所获得的赔偿，这种赔偿包括所损害财产的直接损失和间接损失。但是这种间接损失应当确定在一个合理的范围之内，而不是无限制地扩大。

（3）合理费用的赔偿。这里需要鉴定什么是"合理范围"，什么是"合理费用"，具体哪些费用才属于合理费用。首先，这里的合理费用是指为保护环境而实施预防措施的费用，包括实际已经存在的合理费用和将要发生的合理费用，前者是指在保护环境时，为了减轻或者是避免更严重的自然环境受到污染损害所采取的措施的实际已经存在的费用；后者是指为避免将来发生环境污染或者发生污染损害所将要采取的措施的费用。当然，在进行赔偿时，必须考察这些费用是否属于合理范围，是否是因环境问题所采取措施而花费的合理费用。

（4）恢复自然环境措施的费用①。这种费用包括两种费用：一是采取措施将受污染的自然环境恢复到污染发生以前的状态的恢复措施所需要的费用。这种费用主要是发生在受污染的自然环境还存在可以恢复的可能；二是引入各种替代物进行具有恢复性措施的费用。这种费用主要发生在采取任何措施都无法恢复或重建生态环境的情况下，具体包括引入功能性的替代物、提供功能性的替代性栖息地、采取功能性的替代性移植等措施。但是，后一种措施并不能完全恢复自然环境，这种措施再先进都只能是相对地恢复生态环境的原状。因为我们的自然环境

---

① 恢复自然环境措施的费用是指采取的以恢复自然环境为目的而使受到污染的自然环境恢复到污染发生以前的状态所采取的具有修复性的恢复措施所需要的费用，或者当在采取任何措施都无法恢复或重建生态环境的情况下，向生态环境引入功能性的替代物、采取功能性的替代性移植、提供功能性的替代性栖息地来保护生态环境等补救性的具有恢复性措施的费用。

具有不可复制性，一旦被破坏是绝对不可能完全恢复原状的。因此，在对恢复自然生态环境进行赔偿时，也不能因为采取措施之人没有将自然环境恢复到之前的状态而不给予赔偿，只要采取措施之人按照客观的标准采取措施，我们就应当给予合理的赔偿。

我国现行的《国家赔偿法》仅将国家赔偿的范围限定在国家机关和国家机关工作人员违法行使职权侵犯公民、法人和其他组织的合法权益造成的损害，不包括公共设施应建而未建或者设施不合格、公共物品有缺陷导致的损害。为此，有必要修改《国家赔偿法》，将国家赔偿的范围扩大到由公共设施（含道路、机场、河流、下水道等）造成的损害（在国家赔偿制度之外，还应尽快建立国家环境补偿制度，以改善政府的环境质量责任，包括污染损害），将赔偿对象扩大到受行政违法行为和公共设施不良影响的受害人（李挚萍，2008）。

（二）政府生态民事补充责任的承担

所谓政府生态民事补充责任，是指政府未尽安全保障义务，致使排污者（第三人）侵权造成公民人身或财产损害的，政府应当承担补充赔偿责任。

在生态污染侵权中，政府对企业进行生态监管，也就是说，政府有检测、控制环境污染的义务。因此，当政府没有适当履行此种义务时，第三人生态污染侵权，政府对生态污染受害者承担补充责任是合理的。生态民事补充责任的承担在制度设计上应作以下操作。

（1）顺位的补充。根据"谁污染，谁治理""污染者负担"等原则，面对生态污染侵权，承担赔偿责任的主体应该是污染者，他是第一顺位的赔偿主体。但是在实际的污染案件之中，常常出现这样的境况：因环境污染损害的不特定性决定了一些受害者难以找到直接负责的污染者或者是找得到直接负责人但该负责人却没有能力进行赔偿，此时受害者可以要求第二顺位的主体——政府承担赔偿或者是一定的补偿责任，因为政府应当对生态质量负责，并且出现这种境况，政府往往也存在一定的失职行为。当然，政府对受害人进行赔偿或者补偿之后，是可以向直接负责人进行追偿的。

（2）差额的补充。政府生态民事补充责任是指政府未尽安全保障义务，致使排污者（第三人）侵权造成公民人身或财产损害的，政府应当承担补充赔偿责任。因此，政府所承担的赔偿责任是一种补充的责任，即一种在自己未尽到安全保障义务时所应承担的补充的责任。这样，赔偿的数额就有所不同，因为这里政府所承担的是补充责任，所应承担的数额不是全额或者是以总额为限，而是根据自己的行为进行一种补充赔偿。首先，在政府尽到合理义务时，如果出现找不到直接负责人的情况，那么此时的政府应当承担的责任范围与污染者应当承担的责任范围完全一致，但政府具有追偿权。其次，政府所赔偿的数额与污染者赔偿的数额相比，往往是污染者所要赔偿的数额大于政府所要赔偿的数额，因为政府只需要赔偿自己未尽安全保障义务这一部分的责任。最后，不属于政府可以预见、防止或者制止的环境污染或破坏，政府不负赔偿责任。因为如果政府已经按照法律的要求对环境进行了合理的监管与检测，或者在没有法律明确规定的情况下已经谨慎地采取各种措施，努力避免可能发生的生态污染或破坏，则政府无须承担赔偿责任。

（3）适用的补充性。适用的补充性是指在污染损害案件之中，如果存在真正的责任人，并且该责任人是可以找得到的，对于环境侵权所受到的侵害应当由该直接负责人来承担，并且是全部承担，承担之后政府的补充责任将消失，禁止受害人向直接负责人请求全额赔偿之后，又向政府请求赔偿。因为这有悖于"不允许权利人因侵权赔偿而获利"的原则，所以政府不再给予赔偿。

政府的生态质量负责也包括政府对生态安全保障义务负有的民事补充责任。因此，在污染事件发生时，我们在衡量政府的行政责任时，也必须考虑政府是否应当承担相应的民事赔偿责任，若政府未尽到安全保障义务，就应对自己的不作为负责，应当承担相应的赔偿责任。这也是一种国际朝向，我们必须跟上时代的步伐，不断地改善。

第三节　政府生态行政责任追究制度

2006 年国家环保总局与监察部共同发布《环境保护违法违纪行为处分暂行规定》规章，将法律责任明确到不履行或不适当履行法定职责的环境决策者、管理者、执法者身上，建立起了生态质量责任追究制。但现行制度本身仍不健全，实施过程中暴露出的种种问题还有待解决，而行政规章的效力有限，其功能的发挥也必然受到影响。

一、《环境保护违法违纪行为处分暂行规定》内容概述

《环境保护违法违纪行为处分暂行规定》不仅适用于环境行政管理机关及其工作人员，而且还适用于环境行政管理机关以外的其他国家行政机关及其工作人员，应该说，这是这部规章最大的亮点，它细化和丰富了政府生态行政责任的种类，将应追究的政府生态行政违纪行为分为以下五个方面。

（一）不依法履行生态管理义务

作为国家行政机关的一项基本职责——依法进行生态管理主要体现在《环境

保护违法违纪行为处分暂行规定》第 4 条①规定。该条规定了 6 种行政机关不依法履行生态管理义务的行为，若行政机关存在这些行为，将对直接责任人员，给予警告、记过或者记大过处分；情节较重的，给予降级处分；情节严重的，给予撤职处分。具体可以概括为以下两类。

第一类是未依法制定和实施环境保护政策、法律、法规、规章和其他规范性文件。其法律依据是《环境保护违法违纪行为处分暂行规定》第 4 条第 1～3 款的规定，即第 1 款：拒不执行环境保护法律、法规以及人民政府关于环境保护的决定、命令的；第 2 款：制定或者采取与环境保护法律、法规、规章以及国家环境保护政策相抵触的规定或者措施，经指出仍不改正的；第 3 款：违反国家有关产业政策，造成环境污染或者生态破坏的。

第二类是未依法执行具体的环境保护法律制度。法律依据是《环境保护违法违纪行为处分暂行规定》第 4 条第 4～6 款，即第 4 款：不按照国家规定淘汰严重污染环境的落后生产技术、工艺、设备或者产品的；第 5 款：对严重污染环境的企业事业单位不依法责令限期治理或者不按规定责令取缔、关闭、停产的；第 6 款：不按照国家规定制定环境污染与生态破坏突发事件应急预案的。

（二）违法实施环境行政许可和审批

作为国家行政机关的另一项重要职责——许可和审批主要体现在《环境保护违法违纪行为处分暂行规定》第 5 条。该条款规定国家行政机关及其工作人员，违法实施环境行政许可和审批，将对直接责任人员，给予警告、记过或者记大过处分；情节较重的，给予降级处分；情节严重的，给予撤职处分。分别规定了以下两类情形。

第一类，有关环境影响评价的许可和审批。其依据是《环境保护违法违纪行为处分暂行规定》第 5 条第 1～3 款，即第 1 款规定：在组织环境影响评价时弄虚作假或者有失职行为，造成环境影响评价严重失实，或者对未依法编写环境影响篇章、说明或者未依法附送环境影响报告书的规划草案予以批准的；第 2 款规定：不按照法定条件或者违反法定程序审核、审批建设项目环境影响评价文件，或者在审批、审核建设项目环境影响评价文件时收取费用，情节严重的；第 3

---

① 《环境保护违法违纪行为处分暂行规定》第 4 条：国家行政机关及其工作人员有下列行为之一的，对直接责任人员，给予警告、记过或者记大过处分；情节较重的，给予降级处分；情节严重的，给予撤职处分：a. 拒不执行环境保护法律、法规以及人民政府关于环境保护的决定、命令的；b. 制定或者采取与环境保护法律、法规、规章以及国家环境保护政策相抵触的规定或者措施，经指出仍不改正的；c. 违反国家有关产业政策，造成环境污染或者生态破坏的；d. 不按照国家规定淘汰严重污染环境的落后生产技术、工艺、设备或者产品的；e. 对严重污染环境的企业事业单位不依法责令限期治理或者不按规定责令取缔、关闭、停产的；f. 不按照国家规定制定环境污染与生态破坏突发事件应急预案的。

款：对依法应当进行环境影响评价而未评价，或者环境影响评价文件未经批准，擅自批准该项目建设或者擅自为其办理征地、施工、注册登记、营业执照、生产（使用）许可证的。

第二类，有关收缴排污费的许可和审批。其依据是《环境保护违法违纪行为处分暂行规定》第 5 条第 4 款和第 5 款，即第 4 款：不按照规定核发排污许可证、危险废物经营许可证、医疗废物集中处置单位经营许可证、核与辐射安全许可证以及其他环境保护许可证，或者不按照规定办理环境保护审批文件的；第 5 款：违法批准减缴、免缴、缓缴排污费的。其中，第 6 款"有其他违反环境保护的规定进行许可或者审批行为的"作为兜底条款。

（三）环境越权执法

有关环境越权执法，根据《环境保护违法违纪行为处分暂行规定》第 6 条，国家行政机关及其工作人员有下列行为之一的，对直接责任人员，给予警告、记过或者记大过处分；情节较重的，给予降级处分；情节严重的，给予撤职处分：①未经批准，擅自撤销自然保护区或者擅自调整、改变自然保护区的性质、范围、界线、功能区划的；②未经批准，在自然保护区开展参观、旅游活动的；③开设与自然保护区保护方向不一致的参观、旅游项目的；④不按照批准的方案开展参观、旅游活动的。从该条可知，《环境保护违法违纪行为处分暂行规定》的有关环境越权主要是针对自然保护区管理的。其中，环境越权执法包括两类，一是环境行政管理机关超越权限范围执法；二是其他行政主管部门超越权限范围从事本应由环保部门从事的执法活动。

（四）环境行政失职行为

滥用职权、徇私舞弊这些行为属于所谓的渎职行为，其依据是《环境保护违法违纪行为处分暂行规定》第 9 条和第 10 条的规定。其中，第 9 条具体规定了 5 种情形，第 10 条规定了 1 种情形。第 9 条第 1 款：利用职务上的便利，侵吞、窃取、骗取或者以其他手段将收缴的罚款、排污费或者其他财物据为己有的；第 2 款：利用职务上的便利，索取他人财物，或者非法收受他人财物，为他人谋取利益的；第 3 款：截留、挤占环境保护专项资金或者将环境保护专项资金挪作他用的；第 4 款：擅自使用、调换、变卖或者毁损被依法查封、扣押的财物的；第 5 款：将罚款、没收的违法所得或者财物截留、私分或者变相私分的。第 10 条规定：国家行政机关及其工作人员为被检查单位通风报信或者包庇、纵容环境保护违法违纪行为的，对直接责任人员，给予降级或者撤职处分；致使公民、法人或者其他组织的合法权益、公共利益遭受重大损害，或者导致发生群体性事件或者冲突，严重影响社会安定的，给予开除处分。

（五）兜底条款——其他环境违法违纪情形

《环境保护违法违纪行为处分暂行规定》除了对上面四种环境违法违纪情形进行明确规定之外，还用两个款项规定了其他环境违法情形，作为兜底条款。其依据是《环境保护违法违纪行为处分暂行规定》的第 2 条：法律、行政法规对环境保护违法违纪行为的处分作出规定的，依照其规定；第 5 条第 6 款：有其他违反环境保护的规定进行许可或者审批行为的。

针对以上五种环境违法违纪情形，《环境保护违法违纪行为处分暂行规定》的承担责任的方式主要是行政处分，责任形式有警告、记过、记大过、降级、撤职和开除；适用的主体是国家行政机关及其工作人员中对实施行为的直接责任人，即各级政府、政府的环保行政主管部门和其他有关部门及国家公务员和国家行政机关任命的其他人员。但是，从立法层面和执行效率来看，这些规定立法层次较低、执行效率也较低，有待进一步完善。

二、政府生态行政责任追究制度的完善路径

对政府生态行政责任的追究①是目前我国追究生态监管机关承担法律责任的最主要形式。其追究途径主要是执法监督、行政诉讼、行政复议。政府承担生态行政责任的方式包括具体行政行为被撤销、变更、被确认违法，同时，我国政府生态行政责任的追究对象还包括主管领导和直接责任人员，针对这种对象的行政处罚主要是行政处分。除此之外，政府的生态行政责任追究制度还需要其他的内容来进行完善，主要有以下三个方面。

（一）完善政府生态行政责任的内部追究机制

生态行政责任追究机制就是在生态行政机关及其工作人员未履行生态职责或在履行职责的过程中滥用权力、违反法定职责和义务的情况下，由行政机关追究其行政法律责任，令其承担某种否定性后果的一种机制。目前我国的行政责任追究机制包括上级行政机关的追究和行政监察部门的追究。

（1）明确生态行政责任内部追究机制的实施机关。目前，对政府工作人员环境行政责任的追究是以实施违法环境行政行为的工作人员的任免机关和同级监察机关平行形式的监督及处罚职权为基础的，这种安排使执法监督缺乏统一的监督和实施主体，不利于责任追究的开展。因此，有必要对现有责任追究主体的关系进行梳理。可以由监察部门按照权限进行统一监督并实施行政责任追

---

① 政府的生态行政责任追究是指生态保护监管机关及其公务员因违反生态法律规范所赋予的生态保护监管职责而由相关国家行政机关所给予的行政处分和其他不利的处理。

究，各相关任免行政机关分工负责。监察机关在职权范围内可以直接进行责任追究，任免机关也可以按照管理权限完成责任追究，但是如果其他部门未按照规定怠于追究责任或违法追究责任，监察机关可以以出具监察建议的形式对其进行监督，也可以由各级人民政府按照相应的职权负责环境行政工作人员行政责任的内部追究。

（2）完善生态行政责任追究的调查机制。监察机关或公务员的任免机关对违法环境行政行为进行调查时，要注意全面调查行为在实体和程序两方面是否存在违法。目前我国尚没有统一的行政程序法律文件，事实上，程序对于保障环境行政行为的及时和适当具有重要意义，因此，完善的调查机制应当包含对行政行为作出程序的调查。调查的目的是确认工作人员的主观恶意、行为的危害性及危害结果，但也不限于此。它也可以化解相对人与环境行政主体之间在违法行政行为作出后所存在的矛盾。可以考虑将责任追究中的调查与行政复议、行政诉讼及信访等结合起来，在处理相对人异议的同时，完成可能存在的执法人员过错行为的调查以及确认，这样既提高了责任追究的效率，也可以保障相对人的权益。

（3）严格责任划分。在追究政府相关人员的生态行政责任时，应重点区分领导责任和非领导责任，这样在作出行政处分时便有了依据，什么岗位的工作人员承担什么责任一目了然，可以避免遗漏应该承担法律责任的工作人员，更可以保护本不应该承担法律责任的工作人员，在一定程度上解决目前立法中责任条款模糊、操作性差的问题。

（二）增加法律责任形式——暂停某项生态监管职权

如上所述一样，政府生态责任监管存在一系列的缺陷，如政府充当污染企业的"保护伞"、地方生态"失灵"等。这些现象的出现是由于政府一味地追求经济利益，面对利益冲突，他们所选择的是重经济利益轻非经济利益、重局部利益轻整体利益。这样，生态监管机构的行政体制和中央与地方的财政分配体制并不能有利于地方生态监管机关实施自己的监管职能，而要改变这种现状，就必须寻找新的替代方式。通过对国外①的有关政府生态监管制度的学习和借鉴，我们可以采取暂停地方监管机关的某项职权而由中央监管机关取而代之这种处罚措施，即在《环境保护法》中有关法律责任这一章节中明确规定：若有地方生态质量不达标或者生态监管部门没有实际履行自己的职责时，可以暂停该生态监管部门的某项职权，直到实现环保目标为止。

---

① 国外的有益借鉴：美国 1970 年的《清洁空气法》规定，如果州政府未执行自己的或联邦环保局为其指定的计划，联邦环保局可亲自执行该计划或对违法者采取措施。

（三）完善政府未完成节能减排指标的法律责任

"十一五"规划期间，国家对中央和地方政府发布了节约能源和主要污染物减排的指标，改善了环境质量并提高了资源能源的利用效率，促进了经济结构优化和产业的升级换代，实现了经济、社会的可持续发展。"十一五"规划明确规定，把发展能源、资源、环境等领域的技术放在优先位置，着力解决制约国民经济社会发展的重大瓶颈问题，为促进循环经济模式的形成和经济社会可持续发展提供有力支撑，并且首次将规划指标分为"预期性指标"和"约束性指标"。其中，节能和减排指标都被列为约束性指标，完善了相关的"节能减排指标责任制"①。

政府承担环保责任，而节能和减排指标都属于约束性指标，所以，政府承担约束性指标的前提是负有相应的法律职责。落实上述法律规定的政府环保责任的一个手段是"十一五"规划和国家计划确定的环境指标。其中，上级政府对下级政府下达减排指标可以采取行政命令的方式，而对于追究政府未落实节能减排指标法律责任散见于我国几部现行有效的法律之中，其依据如下：①《中华人民共和国公务员法》。该法第十七章规定了法律责任，共有 4 条规定，从第 101 条到 104 条。例如，第 104 条规定，公务员主管部门的工作人员，违反该法规定，滥用职权、玩忽职守、徇私舞弊，构成犯罪的，依法追究刑事责任；尚不构成犯罪的，给予处分。②《行政机关公务员处分条例》第 19 条规定了 7 款不同的类型。例如，第 1 款：负有领导责任的公务员违反议事规则，个人或者少数人决定重大事项，或者改变集体作出的重大决定的；第 2 款：拒绝执行上级依法作出的决定、命令的；第 3 款：拒不执行机关的交流决定的。有以上行为之一的，给予警告、记过或者记大过处分；情节较重的，给予降级或者撤职处分；情节严重的，给予开除处分。但是这种处罚主要是针对违法、违纪行为的，相对于一些政府的不作为行为无能为力，根本不能解决政府生态监管失职行为，因此，需要补充与完善政府未完成节能减排指标的法律责任。

第四节　政府生态刑事责任追究制度

政府的生态刑事责任主要体现为对政府环境监管机关主要领导及直接责任人的环境监管渎职罪或环境监管机关公务员的贪污受贿罪的追究。近年来，我国环

---

①　节能减排指标责任制是将生态保护职责具体化为纵向到底、横向到边的各地区、各部门、各岗位的环保目标，将主要领导作为第一责任人，分管领导作为第二责任人，所有组成公务员作为连带责任人的自上而下签订生态保护目标责任书的制度。

保部门和学术界高度关注刑法手段在追究政府生态责任中的运用，一直在努力探索有效的政府生态刑事责任追究制度，既要立足充分发挥现行刑法的作用，又要考虑环境形势的需要对现行刑法进行修改完善，从而根本扭转当前环境污染严重、突发环境事件高发频发的态势。

一、我国政府生态刑事责任法制现状

近年来，我国环保部指导处置的突发环境事件中已有不少相关行政责任人被追究刑事责任的案例，但刑法手段的运用仍然不足，存在诸多问题。

（一）我国政府生态刑事责任立法现状

环境监管犯罪等行为在刑法立法上并没有规定单独的罪名，而是作为贪污受贿罪一并予以规定。但《刑法》第 408 条规定：负有环境保护监督管理职责的国家机关工作人员严重不负责任，导致发生重大环境污染事故，致使公私财产遭受重大损失或者造成人身伤亡的严重后果的，处三年以下有期徒刑或者拘役。其规定是我国刑法在 1997 年修改后，新增加了环境监管失职罪，作为渎职犯罪的一种形式。

在刑事政策上，司法机关从审判的角度明确了罪与非罪的追诉界限。例如，2006 年 7 月 21 日，最高人民法院发布了《关于审理环境污染刑事案件具体应用法律若干问题的解释》。这是因为我国环境持续恶化，司法机关对环境监管犯罪日益重视，不仅制定了特别的立案标准，而且也加大对环境监管犯罪的查处力度，为环保部门移送涉嫌环境犯罪案件、司法机关侦查和审理环境刑事案件提供了明确的执法依据，对加强环境法制建设，避免在环境执法中发生以罚代刑的现象，促进司法机关主动立案侦查环境犯罪案件，促进环境刑事审判工作，严厉打击破坏环境资源的犯罪行为，充分利用法律手段保护我国有限的环境资源，具有积极的意义。

我国因环境监管而被追究刑事责任的政府公务员还不多，刑法的规定与相关刑事政策还需要进一步落实。2006 年 7 月 26 日，最高人民检察院发布了《最高人民检察院关于渎职侵权犯罪案件立案标准的规定》。之所以在实践中对公务员生态刑事责任的追究产生矛盾和冲突，是因为最高人民法院和最高人民检察院各自出台的司法解释中，关于环境监管渎职罪的追诉标准，包括公私财产遭受重大损失的标准和人身伤亡后果的标准都不一致，所以 2008 年 4 月最高人民检察院又开展了深入查办危害能源资源和生态环境渎职犯罪专项工作，重点查办国家机关工作人员非法批准征用、占用土地犯罪案件等六大类案件。

（二）我国政府生态刑事责任追究现状

近年来，随着恶性环境污染事故的频发，环境监管机关的领导人因为生态监管失职而被追究刑事责任的案例也随之增多。

2002 年，山西省晋城市中级人民法院对山西阳城县新联友化学公司水污染案作出终审判决，阳城县环境保护局原局长赵璋信和原副局长赵余库因犯"环境监管失职罪"，分别被判处有期徒刑 6 个月和有期徒刑 8 个月。这是自 1997 年《刑法》修订后全国第一起关于环境监管失职罪的有罪判决，对各级环保部门及其执法人员如何严格依法履行环境监管职责具有现实的警示意义。

2004 年，四川沱江特大水污染事故案中，四川省成都市锦江区人民法院一审对涉嫌构成重大环境污染事故罪的 3 名川化股份有限公司的责任人员，以及 3 名青白江区环境保护局的工作人员分别作出有罪判决。其中，判处成都市青白江区环境保护局原副局长宋世英有期徒刑 2 年零 6 个月，判处青白江区环境保护局环境监测站原站长张明有期徒刑 2 年零 6 个月，判处青白江区环境保护局环境监理所原所长张山有期徒刑 1 年零 6 个月、缓刑 2 年。这是自 1997 年新刑法生效以来因环境污染受到刑事制裁人数最多的一次环境污染事故，也是第一次在同一起环境污染事故案件中对排污企业人员和环境管理人员同时追究刑事责任的案件。

2008 年，轰动全国的云南阳宗海污染案中，2009 年澄江县人民法院一审宣判，澄江县环境保护局环境监察大队原大队长李树岗犯环境监管失职罪，判处有期徒刑 1 年；澄江县环境保护局污染防治科原科长马红芬犯环境监管失职罪，判处有期徒刑 10 个月，受贿罪判处免予刑事处罚，总和刑期 10 个月，决定执行有期徒刑 10 个月。这是一起典型的"企业发财、政府买单、百姓受害"的案例。

2010 年紫金矿业重大水污染案中，上杭县环境保护局紫金山环境监理站原站长包卫东犯环境监管失职罪，被上杭县人民法院判处有期徒刑 2 年零 3 个月；上杭县环境保护局紫金山环境监理站原副站长吴胜隆犯环境监管失职罪，被上杭县法院判处有期徒刑 1 年零 9 个月，判决已生效。2011 年 11 月，福建省武平县人民法院以贪污罪、受贿罪、环境监管失职罪、私分国有资产罪判处上杭县环境保护局原局长陈军安有期徒刑 19 年零 6 个月，并处罚金 1 万元、没收个人财产 16 万元，追缴犯罪所得；以贪污罪、受贿罪、环境监管失职罪判处上杭县环境保护局原副局长蓝勇有期徒刑 9 年，并处没收个人财产 1 万元，追缴犯罪所得。

尽管近年来对政府环境监管人员追究刑事责任的案件有所增加，但是整体来看仍然不足。环境监管失职罪的实际使用率并不高。对于环境监管失职行为，实际运用中多数以行政或党纪较多，上升到犯罪处分的较少。生态恶性事件的频繁发生也一再证明，行政或党纪手段解决的效果远不如追究刑事责任。

二、政府生态刑事责任追究制度的完善

在现实生活中，我们必须保护身边的环境，掌握相关环境法，不要以身试法，如果我们污染和破坏环境，行政制裁手段能够直接剥夺或限制其条件和能力，也就是对我们自身自由的限制和财产的剥夺。环境刑法具有极大的威慑力，它可以给我们打一剂预防针，让我们明白了解环境的重要性，做到不以身试法。

（一）建立健全案件移交移送机制

根据《关于环境保护行政主管部门移送涉嫌环境犯罪案件的若干规定》，有关人民政府可对涉嫌环境犯罪的案件应当移送而不移送，或以行政处罚代替移送的，根据情节轻重对其正职负责人或者主持工作的负责人通报批评，或给予记过以上的行政处分；构成犯罪的，依法追究刑事责任。尽管制度上不存在障碍，但实践中可以看出，近几年移交移送的案件并不多，刑法的运用还是偏少，其作用没有充分发挥。究其原因，很多案件在追究违法企业重大环境污染事故罪的同时，也伴随着对环保部门渎职犯罪的追究，如云南阳宗海案件、四川沱江水污染案件。这些案件无一例外地在追究企业责任人刑事责任的同时，也追究了环保部门的渎职责任。因此，出现污染事件之后，如果要诉诸刑法，首先有地方政府的保护成分，因为一般违法者都是利税大户；其次就是环保部门的担忧，将案件移送移交到检察机关或者公安机关，往往也会伴随着对自身环境渎职犯罪的追究。因此，应建立健全案件移送移交机制，环保部门在环境执法中发现涉嫌环境犯罪的案件，要发现一起、移送一起、跟踪督办一起，起到追究一起、震慑一片、教育一方的作用（李铮，2009）。

（二）建立环保与公安、检察部门的协调配合机制

环保部门在处置重大突发环境事件时，应将有关情况及时通报公安机关和检察机关，有条件的，可邀请他们提前介入，联合办案，环保部门要全力配合，提供环境污染的相关证据和材料。2008年，云南省阳宗海砷污染事件中，检察机关就是同步介入的，最高人民检察院还将阳宗海污染案列为挂牌督办案件，使刑事责任追究工作高效进行。同时，公安部门和检察机关应根据环保案件的特殊性，成立专门机构，配合环保部门查处环境保护领域里的环境监管失职行为。目前，贵州和无锡中级人民法院设立了专门的环保法庭，昆明市也在组建由公安部门和环保部门联合组成的环保警察队伍。这些机构将对打击生态监管失职行为、维护公众权益、打击各种违法犯罪起到重要作用。现在这些机构还处于起步和摸索阶段，还需在实践中不断探索并积累经验，环保部门应对其发展壮大高度关

注，并尽力给予帮助和支持。

（三）完善政府生态责任刑事追究的相关刑法条款

首先，环境保护的特点决定了对环境违法行为应当强调预防为主，在出现污染和破坏环境的结果之前及时消除危险，阻止危害环境的结果出现。所以，根据目前我国环境问题的紧迫性以及环境本身的价值考虑，当务之急就是增设环境犯罪和危险犯罪。其起到的作用就是弥补行为犯罪的不足，并防止结果犯罪的滞后。不宜将危险犯罪适用于所有环境犯罪中，可将其限制在水源污染、有毒有害放射性物质排放等危害较大的环境犯罪中，这样就能严格限制危险犯罪的范围。

其次，对于政府生态责任追究的刑事处罚措施现行《刑法》与其他普通刑事犯罪的刑事处罚措施相同，但我国每年因政府生态监管失职所导致的环境污染和破坏造成的损失近千亿元，虽然该处罚措施在一定程度上确实起到了遏制犯罪的威慑作用，但这样巨大的损失说明该处罚措施还是存在一定的缺陷。适用与其他普通刑事犯罪的相同的刑事处罚措施显然不符合我国刑法"罪责刑相适应"的原则。正是因为政府生态责任的特殊性，建议在对《刑法》进行修改时，加重对政府环境监管失职罪的处罚力度。

参考文献

艾捷尔 J. 2000. 美国赖以立国的文本. 赵一凡, 郭国良, 译. 海口: 海南出版社.

庇古 A C. 2006. 福利经济学. 朱泱, 张胜纪, 吴良健, 译. 北京: 商务印书馆.

边沁 J. 2000. 道德与立法原理导论. 时殷弘, 译. 北京: 商务印书馆.

博登海默 E. 2004. 法理学——法哲学及其方法. 邓正来, 译. 北京: 中国政法大学出版社.

布朗 L R. 1999. 生态经济革命——拯救地球和经济的五大步骤. 萧秋梅, 译. 台北: 扬智文化事业股份有限公司.

布朗 L R. 2002. 生态经济: 有利于地球的经济构想. 林自新, 戢守志, 译. 北京: 东方出版社.

蔡守秋. 2000. 环境资源法学教程. 武汉: 武汉大学出版社.

蔡守秋. 2002. 论环境权. 金陵法律评论, (1): 83-119.

蔡守秋. 2005a. 论追求人与自然和谐相处的法学理论. 现代法学, (6): 26-28.

蔡守秋. 2005b. 环境正义与环境安全——二论环境资源法学的基本理念. 河海大学学报 (哲学社会科学版), (2): 1-5.

蔡守秋. 2008. 论政府环境责任的缺陷与健全. 河北法学, (3): 17-25.

曹孟勤. 2004. 人性与自然: 生态伦理哲学基础反思. 南京: 南京师范大学出版社.

陈剑锋. 2010. 低碳经济: 经济社会发展方式的全新变革. 求是, (2): 52-55.

陈立虎. 1984. 美国《国家环境政策法》评价. 法学杂志, (4): 42-44.

陈梦根. 2005. 绿色 GDP 理论基础与核算思路探讨. 中国人口·资源与环境, (1): 6-10.

陈念东, 金德凌, 戴永务. 2005. 关于绿色国民经济核算体系的思考. 林业经济问题, (2): 109-112.

陈泮勤, 曲建升. 2010. 气候变化应对战略之国别研究. 北京: 气象出版社.

陈现杰. 2004. 《最高人民法院关于审理人身损害赔偿案件适用法律若干问题的解释》的若干理论与实务问题解析. 法律适用, (2): 3-8.

邓新杰, 朱晓荣. 2010. 生态文明建设必须树立正确的政绩观. 中小企业管理与科技, (6): 106.

董溯战. 2009. 循环经济法中的政府责任研究. 中州学刊, (5): 93-96.

董云虎, 刘武萍. 1991. 世界人权约法总览. 成都: 四川人民出版社.

杜群. 2002. 日本环境基本法的发展及我国对其的借鉴. 比较法研究, (4): 55-64.

范柏乃. 2004. 我国地方政府信用缺失成因的实证调查. 理论观察, (6): 38-41.

方世南. 2007. 环境友好型社会与政府在环境治理中的作为. 学习论坛, (4): 18-21.

芬德利 R W, 法贝尔 D A. 1997. 环境法概要. 杨广俊, 刘予华, 刘国明, 译. 北京: 中国社会科学出版社.

冯·哈耶克 F. 1997. 自由秩序原理 (上). 邓正来, 译. 上海: 上海三联书店.

高红贵. 2005. 我国环境质量管制的现状及其对策研究. 湖北社会科学, (7): 31-32.

高红贵. 2006. 国内学界关于政府环境质量管制的研究. 湖北经济学院学报 (人文社会科学版), (5): 14-15.

高卫星 . 2006. 论构建和谐社会中的政府责任 . 河南师范大学学报（哲学社会科学版），（2）：
　　54-57.

高小平 . 2007. 政府生态管理 . 北京：中国社会科学出版社 .

巩固 . 2008. 政府环境责任理论基础探析 . 中国地质大学学报（社会科学版），（2）：31-36.

国家环境保护总局 . 2004. 全国生态环境现状调查报告 . 环境保护，（5）：13-18.

国家环境保护总局政策法规司 . 2003. 循环经济立法选译 . 北京：中国科学技术出版社 .

郭敬 . 1999. 美国的环境保护费用 . 中国人口·资源与环境，（1）：92-93.

何跃，黄沁 . 2006. 构建责任型政府　建设环境友好型社会——论政府在经济发展中的生态责
　　任 . 重庆行政，（5）：65-66.

姜明安 . 1989. 行政法的基本原则 . 中外法学，（1）：39-42.

晋海 . 2012. 我国基层政府环境监管失范的体制根源与对策要点 . 法学评论，（3）：89-94.

劳德利 R W. 1986. 美国环境法简论 . 程正康，陈立虎，韩健，等译 . 北京：中国环境科学出
　　版社 .

李健，陈力洁 . 2005. 论"绿色 GDP"核算体系及其面临的问题 . 北方环境，（1）：1-4.

李晶晶，屈植 . 2006. 浅论公民环境权的界定 . 发展，（11）：98-99.

李莉 . 2006. 环境保护中不可忽视的力量——环境 NGO. 中国环境管理，（3）：11-13.

李楠 . 2006. 公共场所安全保障义务探析 . 广东经济管理学院学报，（3）：81-85.

李启家 . 2001. 中国环境立法评估：可持续发展与创新 . 中国人口·资源与环境，（3）：25-28.

李铮 . 2009. 追究刑事责任的 10 起环境典型案例分析 . 环境保护，（10）：42-45.

李志龙 . 2010. 低碳经济视野下政府环境管理的完善 . 山西广播电视大学学报，（4）：74-75.

李挚萍 . 2006. 环境法的新发展——管制与民主之互动 . 北京：人民法院出版社 .

李挚萍 . 2008. 论政府环境法律责任——以政府对环境质量负责为基点 . 中国地质大学学报
　　（社会科学版），（2）：37-41.

梁学轩 . 2006. 试论科学考核领导干部政绩 . 行政与法，（5）：71-73.

廖卫东 . 2004. 生态领域产权市场制度研究 . 北京：经济管理出版社 .

刘承礼 . 2009. 当代中国地方政府行为的新制度经济学分析 . 天津社会科学，（1）：59-65.

刘厚风，张春楠 . 2001. 区域性环境污染的自治理机制设计与分析 . 人文地理，（1）：95-96.

刘向文，宋雅芳 . 1999. 俄罗斯联邦宪政制度 . 北京：法律出版社 .

罗豪才 . 1996. 行政法学 . 北京：北京大学出版社 .

罗丽 . 2008. 从日本环境法理念的转变看中国第二代环境法的发展 . 中国地质大学学报（社会
　　科学版），（5）：52-57.

罗文翠 . 2007. 论政府环境民事责任 . 中山大学研究生学刊（社会科学版），（4）：60-63.

吕世伦 . 2001. 法理的积淀与变迁 . 北京：法律出版社 .

吕忠梅 . 2000. 环境法新视野 . 北京：中国政法大学出版社 .

吕忠梅 . 2009. 监管环境监管者：立法缺失及制度建构 . 法商研究，（5）：68-73.

马骧聪 . 1981. 日本的环境管理和环境保护法 . 国外社会科学，（5）：57-60.

茅铭晨 . 2007. 政府管制理论研究综述 . 管理世界，（2）：18-22.

缪仲妮 . 2010. 政府环境责任问题研究 . 华东政法大学硕士学位论文 .

潘秀珍 . 2006. 经济全球化浪潮中我国责任行政建设的必要性及对策探讨 . 学术论坛，（6）：
　　63-66.

潘岳 . 2006. 全力防范结构性环境风险 . 环境保护，（2B）：82-85.

庞德 R. 2002. 法律史解释 . 邓正来，译 . 北京：中国法制出版社 .

钱水苗，沈玮 . 2007. 强化政府环境责任——修改《环境保护法》的一个视角 . 2007 年全国环
　　境资源法学研讨会论文集 .

邱聪智 . 1984. 公害法原理 . 台北：三民书局股份有限公司 .

萨缪尔森 P A，诺德豪斯 W D. 1996. 经济学 . 胡代光，译 . 北京：首都经济贸易大学出版社.

森 A. 2003. 伦理学与经济学 . 王宇，王文玉，译 . 北京：商务印书馆 .

世界环境与发展委员会 . 1997. 我们共同的未来 . 王之佳，柯金良，译 . 长春：吉林人民出版社.

司武飞，周浩 . 2005. 论中国绿色 GDP 核算的理论前提 . 特区经济，（12）：89-93.

斯托克 G. 1999. 作为理论的治理：五个论点 . 华夏风，译 . 国际社会科学杂志（中文版），
　　（2）：19-30.

宋惠玲，阿海峰 . 2005. 论政府的环保责任——对《环境影响评价法》的几点评议 . 哈尔滨商
　　业大学学报（社会科学版），（1）：112-115.

孙晓伟 . 2010. 企业环境责任缺失：成因及治理 . 西南财经大学博士学位论文 .

孙佑海 . 2007. 影响环境法实施的障碍研究 . 现代法学，（2）：61-65.

陶伦康 . 2010. 循环经济立法理念研究 . 北京：人民出版社 .

陶伦康，徐本鑫 . 2011. 低碳经济视域下生态效率的法律调整机制探究 . 农村经济，（3）：
　　102-106.

陶伦康，鄢本凤 . 2011a. 低碳经济生态伦理思想探究 . 北京工业大学学报（社会科学版），
　　（6）：31-36.

陶伦康，鄢本凤 . 2011b. 低碳经济立法的价值诉求 . 西北农林科技大学学报（社会科学版），
　　（9）：163-168.

万以诚 . 2000. 新文明的路标——人类绿色运动史上的经典文献 . 长春：吉林人民出版社 .

王爱冬，赵鑫 . 2011. 我国"十一五"节能减排政策效果评价及启示 . 燕山大学学报（哲学社
　　会科学版），（3）：61-64.

王灿发 . 2003. 论我国环境管理体制立法存在的问题及其完善途径 . 政法论坛，（4）：32-35.

王成栋 . 1999. 政府责任论 . 北京：中国政法大学出版社 .

汪劲 . 2000. 环境法律的理念与价值追求 . 北京：法律出版社 .

汪劲 . 2003. 论我国环境保护法的现状和修改定位 . 环境保护，（6）：52-56.

汪劲 . 2006. 环境法学 . 北京：北京大学出版社 .

王金南，蒋洪强，曹东，等 . 2005. 中国绿色国民经济核算体系的构建研究 . 世界科技研究与
　　发展，（4）：37-40.

王前军 . 2007. 俄罗斯的环境保护政策 . 环境科学与管理，（12）：31-37.

王树义 . 2001. 俄罗斯联邦生态法 . 武汉：武汉大学出版社 .

王树义 . 2006. 生态安全及其立法问题探讨 . 法学评论，（3）：62-66.

王曦 . 1992. 美国环境法概论 . 武汉：武汉大学出版社 .

王曦 . 2005. 全面加强政府环境保护公共职能——从关于修订《环保法》的讨论所想到的 . 经济界，（3）：45-49.

王曦 . 2008. 当前我国环境法制建设亟需解决的三大问题 . 法学评论，（4）：30-34.

王曦 . 2009a. 论新时期完善我国环境法制的战略突破口 . 上海交通大学学报，（2）：69-74.

王曦 . 2009b. 论美国《国家环境政策法》对完善我国环境法制的启示 . 现代法学，（4）：56-60.

王妍，卢琦，褚建民 . 2009. 生态效率研究进展与展望 . 世界林业研究，（5）：47-52.

魏伊丝 A B. 2000. 公平地对待未来人类：国际法、共同遗产与世代间衡平 . 汪劲，于方，王鑫海，译 . 北京：法律出版社 .

吴卫星 . 2008. 环境权入宪之实证研究 . 法学评论，（1）：38-42.

吴志红 . 2008. 行政公产视野下的政府环境法律责任初论 . 河海大学学报（哲学社会科学版），（3）：33-37.

刑继俊，黄栋，赵刚 . 2010. 低碳经济报告 . 北京：电子工业出版社 .

徐本鑫 . 2011. 低碳经济下生态效率的困境与出路 . 大连理工大学学报（社会科学版），（6）：36-40.

杨朝飞 . 2007. 环境保护法修改思路 . 环境保护，（2）：33-37 .

杨多贵，周志田 . 2005. “绿色 GDP”核算的理论与实践探索 . 科学管理研究，（4）：21-24.

杨缅昆 . 2001. 绿色 GDP 核算理论问题初探 . 统计研究，（2）：16-19.

银秋华 . 2008. “两型社会”建设与环境法的完善 . 长沙民政职业技术学院学报，（4）：34-36.

原田尚彦 . 1999. 环境法 . 于敏，译 . 北京：法律出版社 .

臧乃康 . 2006. 多中心理论与长三角区域公共治理合作机制 . 中国行政管理，（5）：52-56.

曾正德 . 2007. 历代中央领导集体对建设中国特色社会主义生态文明的探索 . 南京林业大学学报（人文社会科学版），（4）：62-66.

张波 . 2006. 俄罗斯联邦生态鉴定制度研究 . 中国海洋大学硕士学位论文 .

张成福 . 2000. 责任政府论 . 中国人民大学学报，（2）：64-68.

张成福，党秀云 . 2001. 公共管理学 . 北京：中国人民大学出版社 .

张国庆 . 2000. 行政管理学概论 . 北京：北京大学出版社 .

张建伟 . 2008. 政府环境责任论 . 北京：中国环境科学出版社 .

张康之 . 1999. 政府职能的历史变迁 . 学术界，（1）：40-44.

张雷 . 2012. 政府环境责任问题研究 . 北京：知识产权出版社 .

张炜 . 2008. 德国节能减排的经验及启示 . 国际经济合作，（4）：32-36.

张梓太 . 1995. 我国环境立法的误区及对策研究 . 环境导报，（1）：61-65.

赵国青 . 2000. 外国环境法选编（第一辑上）. 北京：中国政法大学出版社 .

赵映诚，吴敏 . 2008. 生态决策的价值取向与实践原则 . 理论导刊，（10）：55-58.

赵志平，贾秀兰 . 2005. 环境保护的政府行为分析及反思 . 生态经济，（16）：41-46.

郑少华 . 2002. 生态主义法哲学 . 北京：法律出版社 .

周宏春，季曦 . 2009. 改革开放三十年中国环境保护政策演变 . 南京大学学报（哲学·人文科学·社会科学版），（1）：55-58.

周黎安 . 2004. 晋升博弈中的政府官员的激励与合作 . 经济研究，（2）：47-55.

周庆行，王洪增 . 2006. 论现代责任政府 . 南都学坛（人文社会科学学报），（1）：60-64.

周旺生 . 2003. 论法之难行之源 . 法制与社会发展，（3）：41-45.

周小明 . 1996. 信托制度比较研究 . 北京：法律出版社 .

周训芳 . 2003. 环境权论 . 北京：法律出版社 .

周媛，彭攀 . 2010. 生态哲学视野下的中国低碳经济 . 理论月刊，（4）：41-43.

诸大建，朱远 . 2005. 生态效率与循环经济 . 复旦学报（社会科学版），（2）：50-54.

朱晓 . 2007. 公共管理中政府生态责任分析 . 北方经济，（10）：35-39.

Douma W H，Massai L，Montini M. 2007. The Kyoto Protocol and Beyond Legal and Policy Challenges of Climate Change. Hague：T. M. C. Asser Press.

Mandelker D R. 1992. NEPA Law and Litigation：The National Environmental Policy act1：01. 2nd ed. New York：Clark Boardman Callaghan.

Skillern F F. 1981. Environmental Protection—The Legal Framework. New York：McGram-Hill Book Company.

Wackernagel M，Rees W E. 1996. Our Ecological Footprint：Reducing Human Impact on the Earth . Gabriola Island：New Society Publishers.